陇东黄土塬区地质灾害特征与减灾对策研究

胡爱萍　著

中国矿业大学出版社
·徐州·

内 容 提 要

本书主要对黄土塬典型代表——董志塬腹地西峰区进行地质灾害与减灾对策进行研究。通过本研究的实施，查明西峰区地质灾害及其隐患形成的地质环境条件、主要影响因素、发育特征和分布规律，评价其发展趋势和扩展影响范围，进行地质灾害易发程度和危险性区划及评价，提出相应的地质灾害防治措施，为陇东黄土塬区工程建设场地减灾防灾工作提供基础依据，同时也建立一套较为完善的、系统的地质灾害防治措施及预警区划，分析研究工程建设中人类与地质环境相互协调、可持续发展的对策，为陇东地区防灾减灾工作提供借鉴和技术支持，为地方国土规划和整治工作提供可靠资料。

本书可供相关专业的研究人员借鉴、参考，也可供广大教师教学和学生学习使用。

图书在版编目(CIP)数据

陇东黄土塬区地质灾害特征与减灾对策研究 / 胡爱萍著.—徐州：中国矿业大学出版社，2021.12

ISBN 978-7-5646-5248-7

Ⅰ.①陇… Ⅱ.①胡… Ⅲ.①黄土区—地质灾害—灾害防治—研究—甘肃 Ⅳ.①P694

中国版本图书馆CIP数据核字(2021)第259762号

书　　名 陇东黄土塬区地质灾害特征与减灾对策研究

著　　者 胡爱萍

责任编辑 何晓明

出版发行 中国矿业大学出版社有限责任公司

（江苏省徐州市解放南路　邮编221008）

营销热线 (0516)83884103　83885105

出版服务 (0516)83995789　83884920

网　　址 http://www.cumtp.com　**E-mail**:cumtpvip@cumtp.com

印　　刷 苏州市古得堡数码印刷有限公司

开　　本 787 mm×1092 mm　1/16　**印张** 9.25　**字数** 180千字

版次印次 2021年12月第1版　2021年12月第1次印刷

定　　价 45.00元

（图书出现印装质量问题，本社负责调换）

前　言

地质灾害是自然灾害的一种类型。目前，学界对地质灾害的定义尚无公认的、统一的表述。《地质灾害防治条例》定义的地质灾害为“包括自然因素或者人为活动引发的危害人民生命和财产安全的山体崩塌、滑坡、泥石流、地面塌陷、地裂缝、地面沉降等与地质作用有关的灾害”。地质灾害因成因复杂、影响因素多、分布范围广、地域性强、致灾具有突发性、破坏力强、治理造价高、技术难度大等，而受到学术界、工程界的广泛关注。

本书主要对黄土塬典型代表——董志塬腹地西峰区进行地质灾害与减灾对策进行研究。通过本研究的实施，查明西峰区地质灾害及其隐患形成的地质环境条件、主要影响因素、发育特征和分布规律，评价其发展趋势和扩展影响范围，进行地质灾害易发程度和危险性区划及评价，提出相应的地质灾害防治措施，为陇东黄土塬区工程建设场地减灾防灾工作提供基础依据，同时也建立一套较为完善的、系统的地质灾害防治措施及预警区划，分析研究工程建设中人类与地质环境相互协调、可持续发展的对策，为陇东地区防灾减灾工作提供借鉴和技术支持，为地方国土规划和整治工作提供可靠资料。

本书是笔者通过长期的工程地质及地质灾害的教学、科研和技术服务工作，在前人研究工作的基础上，对陇东黄土塬区地质灾害及其防治技术进行的系统凝练与总结。全书共7章，内容包括：绪论、地质环境条件、地质灾害特征、地质灾害形成条件及影响因素、典型地质灾害案例分析、地质灾害区划与分区评价、地质环境保护及地质灾害防治建议。

本书的出版得到了甘肃省固沟保塬工程研究中心、陇东学院著作出版基金及相关部门的大力支持，也得到了同行专家的鼎力相助，在此表示衷心的感谢。本书参考了相关著作、期刊论文、科研技术资料等，在此对相关作者及单位表示诚挚的谢意。

由于水平有限，书中难免有疏漏之处，敬请广大读者批评指正。

著　者

2021 年 8 月

目　录

第1章 绪 论

地质灾害是指“包括自然因素或者人为活动引发的危害人民生命和财产安全的山体崩塌、滑坡、泥石流、地面塌陷、地裂缝、地面沉降等与地质作用有关的灾害”。已有的地质灾害的研究资料表明，地质灾害具有明显的区域性、阶段性、继承性、周期性、群发性、相关性、转化性、自然属性、社会属性及新生性等。其中，区域性指地质灾害的形成受地域、地质环境、地理及气候条件的制约，在不同的条件下会发育不同的地质灾害类型。

20 世纪 60 年代以前，国外对地质灾害的研究主要限于灾害机理及预测等方面，重点调查分析地质灾害形成条件与活动过程。20 世纪 70 年代以后，随着地质灾害破坏损失的急剧增加，一些发达国家首先拓宽了地质灾害研究领域，在继续深入研究地质灾害机理的同时，开始进行地质灾害评估工作。美国首先对加利福尼亚州的地震、滑坡等数十种地质灾害进行了风险评估。通过该项研究，得出 1970—2000 年加利福尼亚州地质灾害可能造成的损失为 550 亿美元；如果采取有效的防治措施，生命伤亡可减少 90%，经济损失也可以明显减少。

随着地质灾害调查工作的进行，我国在地质灾害监测预警方面的研究工作也取得了一定的成效，相继完成了长江三峡库区崩滑地质灾害监测网和四川雅安地质灾害监测预警试验区建设，现在地质灾害已进入了实时预报和综合预报的新阶段，并逐渐向实用化、系统化迈进。

国外对灾害的风险评估进行得比较早。1989 年，美国组成专门委员会制订了减灾十年计划，把自然灾害评价列为研究的重要内容，要求开展单类的或者综合的灾害风险评价工作。日本、英国等一些国家也陆续开展了地震、洪水、海啸、泥石流、滑坡等灾害风险分析或灾害评价，并把有关成果作为确定减灾责任与实施救助的重要依据。近年来，专门性的地质灾害风险评价研究，特别是在滑坡、泥石流等灾害危险性评价方面也得到稳步发展。

我国比较系统深入的灾害风险评价当属地震灾害评价，其代表性的工作成果就是中国地震烈度区划图。水利、农林、气象等部门和一些专家分别对一些区域性洪水灾害、森林灾害、台风灾害等进行了风险分析或灾情预测评价，编制了风险图，提出了灾情评价或风险评价的方法和技术，建立了地震灾害评价指标体系，基本完善了评价内容，形成了比较系统的灾害评价理论和方法。虽然这些工作还比较零散，但对指导行业减灾、提高灾害风险管理水平发挥了一定的作用。

陇东黄土塬区位于黄河上游黄土高原区，是我国生态环境最为脆弱的地区之一。区内黄土滑坡、泥石流、黄土塌陷、地裂缝等地质灾害隐患点、危险点分布广泛，活动频繁，给人民群众生命财产安全造成了极大威胁。甘肃省庆阳市西峰区地处甘肃省东部，位于泾河上游、陇东黄土高原、董志塬腹地。西峰为大面积的黄土所覆盖，第四纪以来本区构造以振荡性上升运动为主，塬边由于流水的强烈侵蚀切割，尤其是线状侵蚀的结果，形成沟壑纵横、支离破碎的各种黄土地貌形态，地质环境脆弱。加之人类活动的影响，使滑坡、不稳定斜坡、泥石流、地裂缝等地质灾害较为发育。

庆阳市西峰区地质工作自 20 世纪 50 年代以来，先后经历了地质测量、矿产普查、水文地质与工程地质、灾害地质调查等。石油、煤炭部门根据行业勘查的不同要求，进行过石油地质、煤田地质及相关的地质普查勘探工作。

20 世纪 50 年代到 70 年代，在农田水利建设期间，水利部门为水库的设计、施工现场的选择曾做过相关专业与水利工程地质方面的工作。70 年代到 80 年代，甘肃省水文队和长庆油田等单位做了许多水文地质方面的工作。进入 21 世纪后，西峰区也做了一些地质灾害调查与部分灾害治理的勘查与设计工作。

上述工作所取得的资料、成果，为本次研究的开展奠定了扎实的基础。区域地质、水文地质普查及工程地质工作的开展，基本查明了区域地层、构造和水文地质条件、工程地质类型，为本研究提供了基础性的地质资料；灾害地质的研究工作论证了区内地层结构和滑坡分布规律、形成机制、泥石流特征及发育和发展；其他一些相关工作的开展也为本次研究提供了可借鉴和参考的依据。

但前人工作多以区域性为主，地质灾害勘查与设计也仅限于局部的滑坡、泥石流勘查与治理，未系统地进行过地质灾害调查和防治规划工作，因此针对西峰区日益恶化的地质灾害现状，有必要进行系统的综合性地质灾害研究，以查明区内主要地质灾害类型、分布状况、发育特征及危害程度和潜在危险性，为地方防灾减灾及国土规划和整治工作提供可靠资料。

第2章 地质环境条件

2.1 自然地理与社会经济

2.1.1 地理位置及交通条件

庆阳市位于甘肃省东部，泾河上游，陕、甘、宁三省区交界地带，习称“陇东”。地处106°20′～108°45′E、35°15′～37°10′N之间，管辖西峰区、庆城县、华池县、合水县、正宁县、镇原县、宁县、环县八个县(区)，东西长208 km，南北宽207 km，总面积约27 119 km^2。

西峰区是庆阳市政治、经济、文化、交通和商贸流通中心，地处庆阳市中南部，坐落在有“天下黄土第一塬”之称的董志塬腹地。北靠庆城县，南接宁县，西和镇原县毗邻，东与合水县相接，其地理坐标为107°27′～107°52′E、35°25′～35°51′N之间。西峰自古就是关中通往宁夏的官道咽喉和南北货物交易集散地，史载“控振萧关，襟带秦岭”。全区交通十分便利，公路、铁路、民航运输四通八达，是连接兰州、西安、银川、延安等的交通枢纽。2020年银西铁路通车运行，西峰迈入高铁时代。

2.1.2 社会经济概况

西峰区有汉、回、满、蒙等18个民族，总人口51.4万人，其中城区人口31.8万人，总土地面积999.31 km^2，城市规划区面积65 km^2，耕地面积57.51万亩。属半干旱大陆性气候，具有季风及黄土高原气候的双重特点。冬春多干旱，夏秋雨水较多，暴雨多集中在7—8月份。西峰是天然的绿色农业生产基地，历史上就有“陇东粮仓”之美誉，农作物以小麦、玉米为主，并盛产谷子、糜子、胡麻、洋芋、黄豆、油菜等。尤其以黄花菜、烤烟、白瓜子、什社小米等农副产品久负盛名；苹果栽培处于最佳纬度区，是甘肃省优质果品生产基地。西峰区境内矿产资源丰富，石油和天然气蕴藏丰富，西峰油田已探明含油面积800

km^2，地质储量 4 亿 t 以上，被称为 2004 年中国陆上石油勘探四大发现之一，2010 年进入规模开发阶段。区内以砂石、黏土、石英砂为代表的优质矿种分布广泛，极易开发。

董志塬的历史文化遗存颇多，有全国重点文物保护单位甘肃四大石窟之一的北石窟寺，全国重点文物保护单位新石器时代的文化遗址南佐疙瘩渠遗址，全省重点文物保护单位肖金宋代砖塔；全国生态环境治理的典范南小河沟，库容近 5 亿 m^3 的巴家嘴水库，以及小崆峒山、老洞山和公刘庙等诸多旅游景区（点）。

由于受自然环境、经济基础等制约，西峰仍是一个欠发达地区，底子薄、基础差、经济总量小、人均 GDP 低、财政包袱重、基础设施落后、地方工业薄弱、经济结构不合理，尤其是缺乏大项目的带动，发展速度缓慢。

2.2 地形地貌

2.2.1 地形特征

董志塬的地势就塬面而言，平坦而完整，呈南北向展布，东西两侧为马莲河与蒲河的次一级支沟分割成近东西向的条状残塬，塬面高程介于 1 300～1 455 m 之间。处于塬中心的西峰区，平均海拔 1 421 m，地势由东北向西南倾斜。地形呈一扇状，南北长约 47.7 km，东西宽约 34.8 km，塬面被马莲河、蒲河及其支沟切割得支离破碎，但仍不失为全国最大、最完整的塬区之一。塬边由于流水的强烈侵蚀切割，尤其是线状侵蚀的结果，形成了沟壑纵横、支离破碎的各种黄土地貌形态。

西峰总的地势是北高南低，塬面微向南东方向倾斜，地形坡度在 5.6‰～8.3‰之间，由塬中心向塬边方向地形坡度由 10‰增大到 20‰以上。董志塬四周邻沟，塬面与沟床（沟底）高差在 200～300 m 之间，相对高差东南部明显大于西北部。

利用 1∶5 万 DEM 数据对西峰区地形进行坡度因子提取，若以 10°为基本单元划分，则整个西峰区小于 10°的面积占 57.42%，10°～20°的面积占 22.122%，20°～30°的面积占 16.57%，30°～40°的面积占 3.786%，40°～50°的面积占 0.098%；50°～60°的地段极少，多为陡崖、断壁，由于坡度过大，投影在平面上面积较小，仅占 0.003%（图 2-1、表 2-1）。

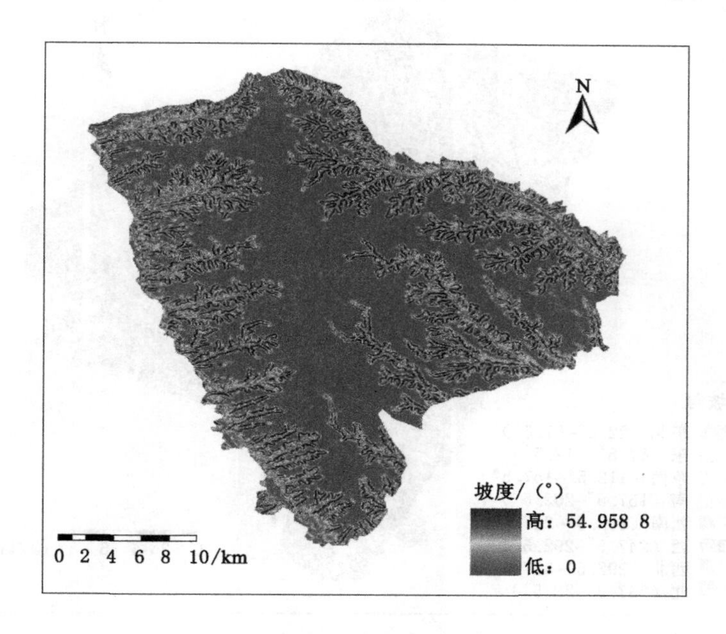

图 2-1　西峰区地形坡度图

表 2-1　西峰区地形坡度分区表

序号	坡度分级	百分比/%	面积/km²
1	<10°	57.42	659.271
2	10°～20°	22.122	253.999
3	20°～30°	16.57	190.259
4	30°～40°	3.786	43.471
5	40°～50°	0.098	1.129
6	50°～60°	0.003	0.035
合计		100	1 148.164

坡向分布上，除水平地形所占比例较少外，各种坡向的斜坡分布比较均匀（图 2-2、表 2-2）。

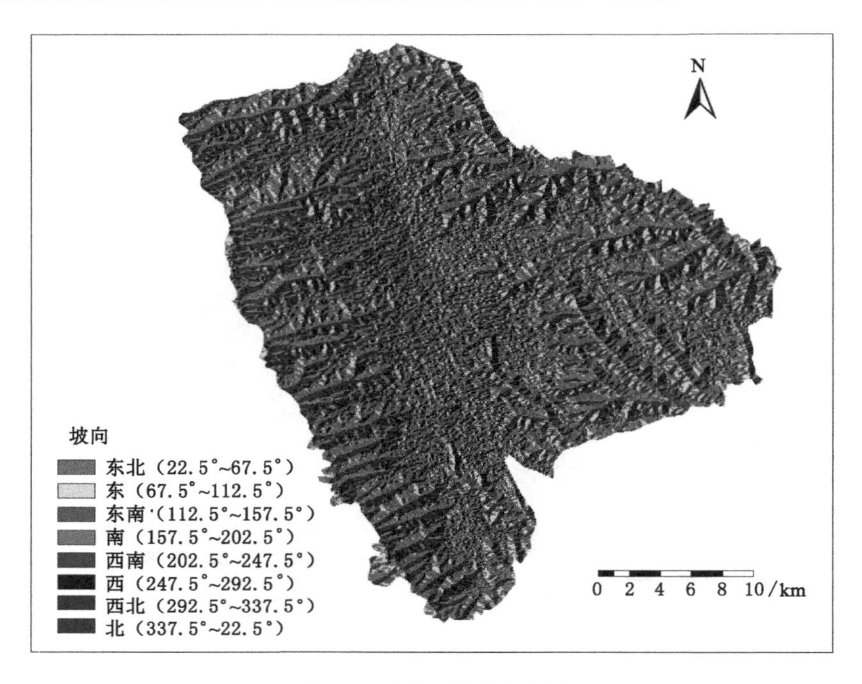

图 2-2　西峰区地形坡向图

表 2-2　西峰区地形坡向分区表

序号	坡向分级	百分比/%	面积/km²
1	北(337.5°～22.5°)	10.707	12.23
2	东北(22.5°～67.5°)	11.469	13.10
3	东(67.5°～112.5°)	13.010	14.86
4	东南(112.5°～157.5°)	13.386	15.29
5	南(157.5°～202.5°)	14.113	16.12
6	西南(202.5°～247.5°)	14.533	16.60
7	西(247.5°～292.5°)	11.662	13.32
8	西北(292.5°～337.5°)	11.119	12.70
合计		100	114.22

同样，以调查区 1∶5 万 DEM 数据为基础，按 1 km×1 km 范围内即 40×40 的 DEM 栅格中进行邻域分析提取坡高数据，以 50 m 为步长，对各坡高区间的斜坡比例进行统计(表 2-3)，本区最大地形高差为 254 m，高差小于 20 m

的地形占总面积的 68.227%，高差 20～99 m 的地形占 31.773%。从这一比例可以看出，本区沟谷非常发育，大部分地带斜坡体临空面较大，这种高密度、大高差地形特征为滑坡、不稳定斜坡和泥石流的形成提供了非常有利的地形条件，是区内地质灾害多发的一项重要因素。

表 2-3　西峰区地形坡高分区表

序号	高差分级/m	百分比/%	面积/km^2
1	<20	68.227	78.832
2	20～40	25.569	29.543
3	40～60	5.968	6.895
4	60～80	0.233	0.269
5	80～99	0.004	0.046
合计		100	115.585

2.2.2　地貌分区

根据地貌成因及其形态特征，可将西峰区地貌划分为以下三种类型（图 2-3）：

（1）黄土塬

黄土塬为四周被沟谷切割的平坦高原。塬面宽阔，塬中心倾角一般小于 1°，塬边以 3°～8°的坡度向周边缓倾，塬侧沟谷发育，溯源侵蚀强烈，切割深度为 200～300 m，其中下游沟底较宽，下白垩系常裸露于沟侧。此地貌区为西峰区人口集中居住地，人类经济工程活动对地质环境的破坏较大。

（2）黄土残塬梁、峁、沟壑

黄土梁多呈长条形，一般近东西向延伸。梁顶宽度一般为 100～450 m。梁侧坡度较陡，可达 25°～30°，梁间水系发育，沟谷多呈 V 形，下游为 U 形。黄土峁系黄土梁继续侵蚀而成，呈圆形或椭圆形，峁顶呈穹形，宽一般为 500～800 m，长一般为 1 000～1 500 m。两峁之间常呈鞍状相连，相对高差 20～40 m，水系发育密度较梁区大，沟谷切割深度为 40～80 m，相对高差 150～200 m。梁、峁在地域分布上并存。

（3）堆积侵蚀河谷

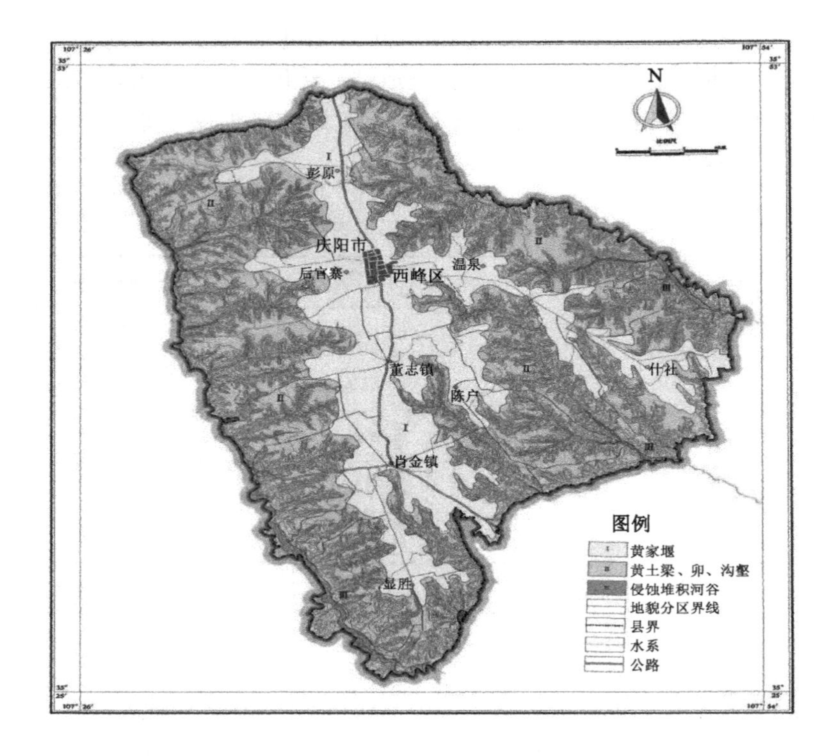

图 2-3 西峰区地貌图

发育于黄土高原的沟谷主要有蒲河、盖家川等，各河流及其主要支流不同程度地发育有河漫滩与Ⅰ～Ⅴ级阶地，除河漫滩及Ⅰ级阶地外，其余阶地以基座式阶地为主，其上为黄土披覆。

2.3 气象水文

2.3.1 气象

西峰区属温带半湿润气候，境内全年光照充足，冬季寒冷漫长，春季舒适变温快，夏季短促气温高，四季分明，优良天气率 95.6%。年平均气温 10.1 ℃，最高气温 35.9 ℃，最低气温 －22.6 ℃，平均无霜期 168 天。多年平均降水量 526.7 mm，降水年际变化大，丰水年降水量为 791.0 mm(1975 年)，枯水年降水量为 338.3 mm(1997 年)；降水集中于一年的 7—9 月，且常以大雨、暴雨的形式降落，占全年降水量的 55%～70%，冬季降水仅占全年降水量的 3%。西峰区降水量年际变化也较大，通过对西峰区 2003—2013 年年均降水量进行统计(图 2-4)，年最大降水量 828.2 mm(2003 年)，年最小降水量 391.3 mm(2008 年)，年平均蒸发量 1 474.3 mm，为降水量的 2.62 倍(图 2-5)。年平均相对湿度 65%，最大冻土层深度 82 cm。

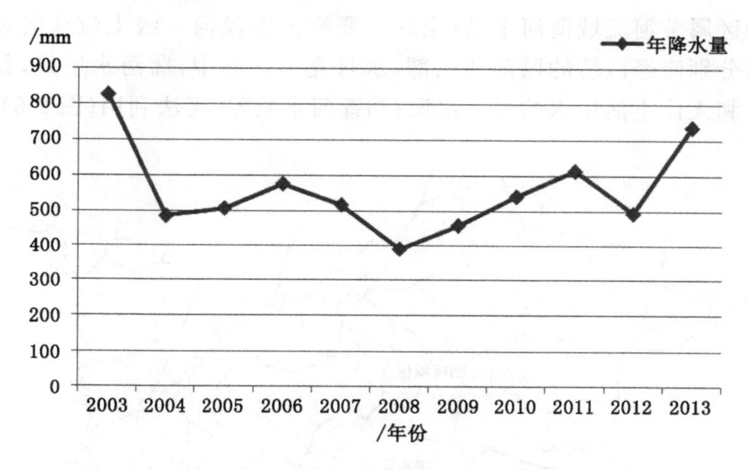

图 2-4　西峰区 2003—2013 年均降水量变化曲线

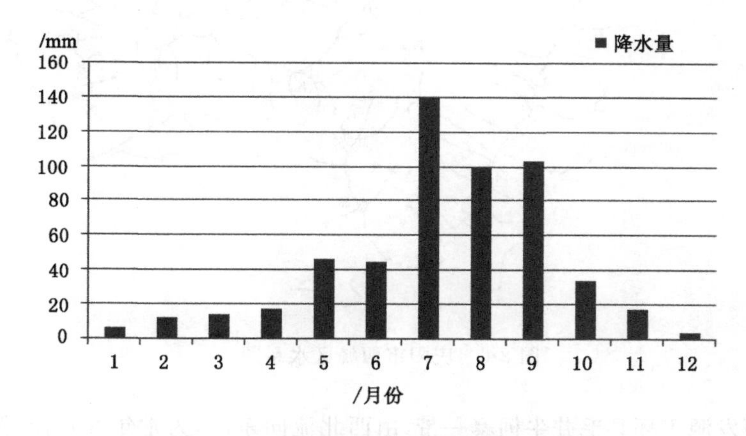

图 2-5　西峰区年内各月降水量统计柱状图

降水及暴雨特征：西峰区小于 0.1 mm 的降水日数为 84～103 天，日降水量 0.1～9.9 mm 的小雨全年为 72～84 天，以上占总降水日数的 81%～85%；

日降水量 10～24.9 mm 的中雨全年为 9～15 天，占 11%～13%；日降水量 25～49.9 mm 的大雨全年为 2～5 天，不足 3%；日降水大于 50 mm 的暴雨全年为 0.2～0.9 天，占 1%；特大暴雨年平均只有 0.2 天。

2.3.2 水文

西峰区属黄河流域渭河水系，全区主要河流有泾河一级支流蒲河和马莲河。两河分别流经区境的西部和东部，水量充沛。其中，蒲河水质好，是西峰区工农业和人民生活用水的可靠水源；马莲河水质差，无法利用（图 2-6）。

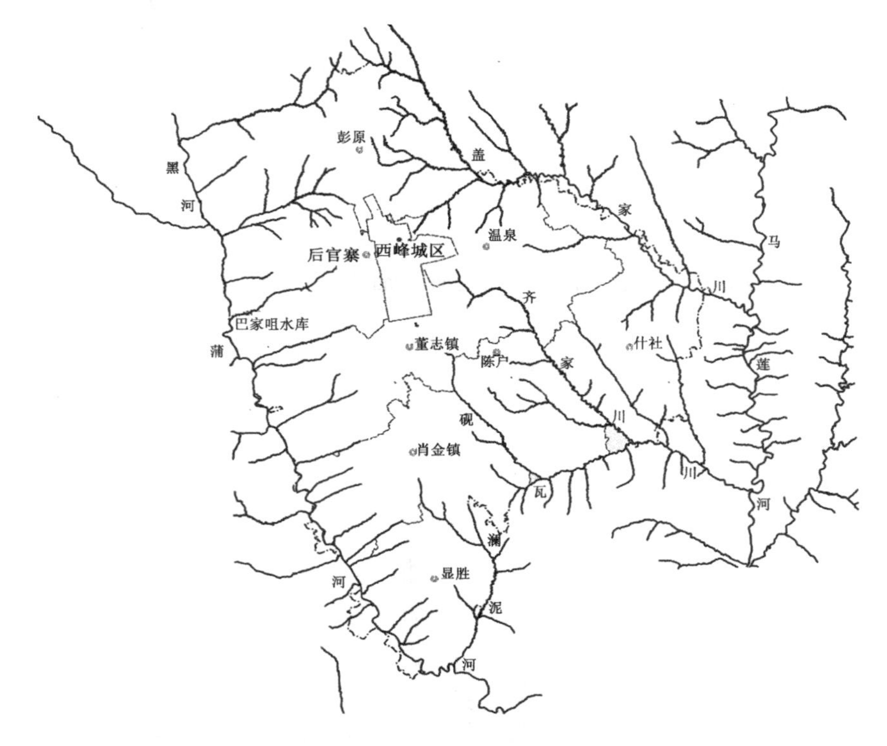

图 2-6　庆阳市西峰区水系图

蒲河发源于环县毛井牛柯寨一带，由西北流向东南，为常年性水流，流域面积为 1 003 km^2，多年平均径流量为 2.428×10^8 m^3，多年平均流量为 7.7 m^3/s，一年内随季节变化明显，其流量主要集中在 7—9 月，占全年的 50%～60%，其他月份流量小；多年平均含沙量 236 kg/m^3，最大泥沙含量出现在 7—9 月，为 992 kg/m^3。水质较好，矿化度在 2 g/L 以下。该河在西峰区境内长 50.5 km。

马莲河发源于陕西定边县白云山，流入环县北部的东、西川，向南流经环县、华池、庆城、合水（以下称马莲河）、宁县等县，于宁县政平汇入泾河。根据水文站资料，马莲河干流长 374.8 km，流域面积 19 019 km^2，多年平均年径流量 4.73×10^8 m^3，最大流量 5 220 m^3/s，最小流量 0.31 m^3/s；多年平均含沙量 294 kg/m^3，最大含沙量 1 050 kg/m^3；矿化度 6～8 g/L，且有多个元素超标，水质差，污染严重，不宜作为饮用水和灌溉水水源。流经本区内的马莲河支流主要有盖家川河、砚瓦川河等，均属季节性水流（图 2-7）。

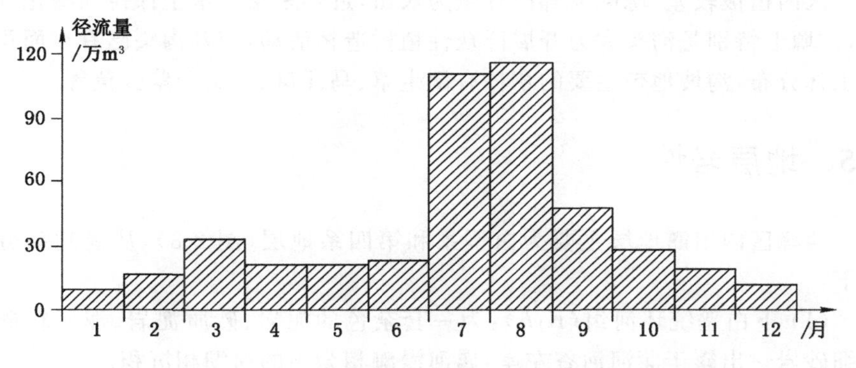

图 2-7　马莲河雨落坪站多年月平均径流量分配柱状图

2.4　土壤植被

2.4.1　土壤

董志塬是我国著名的黄土塬区，广泛分布的主要是黑垆土、黄绵土。黑垆土是发育在马兰黄土母质上的一种土壤，深褐色，土质不均，风积形成，强度较低，光泽及韧性差，是粉土与粉质黏土的界限性土，呈可塑至硬塑状态，含针孔，多见根孔、虫孔等孔隙，含白色钙质假菌丝，该层层厚为 0.8～2.6 m，平均厚度 1.4 m，土层深厚，土质疏松，腐殖层厚达 50～80 cm，耕作性良好。细黄绵土属初育土的一类，广泛分布于梁、峁顶部，该类土颗粒较细，土质疏松，易于渗水，有机含量低，其抗蚀性随降水强度不同而不同，尤其在大暴雨情况下，水土流失严重。

沿蒲河及其支流两岸土壤多为河流冲积层熟化而成的淤泥及沙土类型。

2.4.2 植被

据史料记载，历史上该区曾植被覆盖良好，随着人口的增加，大面积垦坡种地和过度放牧，使自然林草地面积不断减少，自然植被遭到严重破坏，自然灾害频发，形成如今“山秃水劣、风高土燥”的黄土高原环境。目前除小部分地区有次生林分布外，其余地区林木稀少，多为次生乔、灌木及苹果、梨、桃、杏等经济林木。

区内植被较差，塬面大都已开垦为农田，近年来结合水土保持和绿化等工作，在塬上特别是沟头大力开展群众性植树造林活动，使各沟头已有小面积的人工林分布，沟坡地带主要的草种有倒生草、马牙草、艾蒿和紫云英等。

2.5 地层岩性

西峰区内出露地层主要为白垩系和第四系地层(图 2-8)，从老到新分述如下：

(1) 下白垩统环河组(K_1h)：为一套杂色的泥岩、砂质泥岩、泥质粉砂岩夹细砂岩。出露于蒲河河谷左岸，属河漫滩相为主的河湖相沉积。

(2) 下白垩统罗汉洞组(K_1lh)：岩性上部为棕红色中细砂岩夹薄层泥岩，泥质胶结，较疏松，下部为砂岩、砂质泥岩及泥质砂岩互层。砂岩以石英长石为主，泥钙质胶结，孔隙性较好，具大型水平层理和斜交层理。泥质砂岩致密且较硬，具水平层理，总厚 70～100 m。出露于蒲河左岸及一级支沟沟底，属河流相堆积。

(3) 第四系(Q)：广泛分布于全区，主要为黄土、次生黄土和冲洪积物。

① 粉土(Q_4^{al+pl})：主要分布于蒲河、盖家川、砚瓦川等河谷，浅黄色，土质不均，含少量粉细砂及卵石，稍湿，稍密。

② 卵石(Q_4^{al+pl})：杂色，级配良好，一般粒径为 20～110 mm，最大粒径为 300 mm 左右，粒径大于 20 mm 的颗粒质量占总质量的 55%左右，磨圆度一般，多呈亚圆形，骨架颗粒成分以砂岩为主，中-微风化，排列混乱，大部分不接触，充填物以粉质黏土为主，含量约占 25%，稍湿，稍密，局部夹有漂石。

③ 马兰黄土(Q_3^m)：分布于所有梁、峁、残塬区，浅黄色，土质均匀，具针孔及大孔隙，结构疏松，垂直裂隙发育，具有强湿陷性，厚 15～20 m，为地质灾害多发地层。

④ 离石黄土(Q_2^l)：广布全区，上部浅红色，微致密，间夹多层古土壤和姜

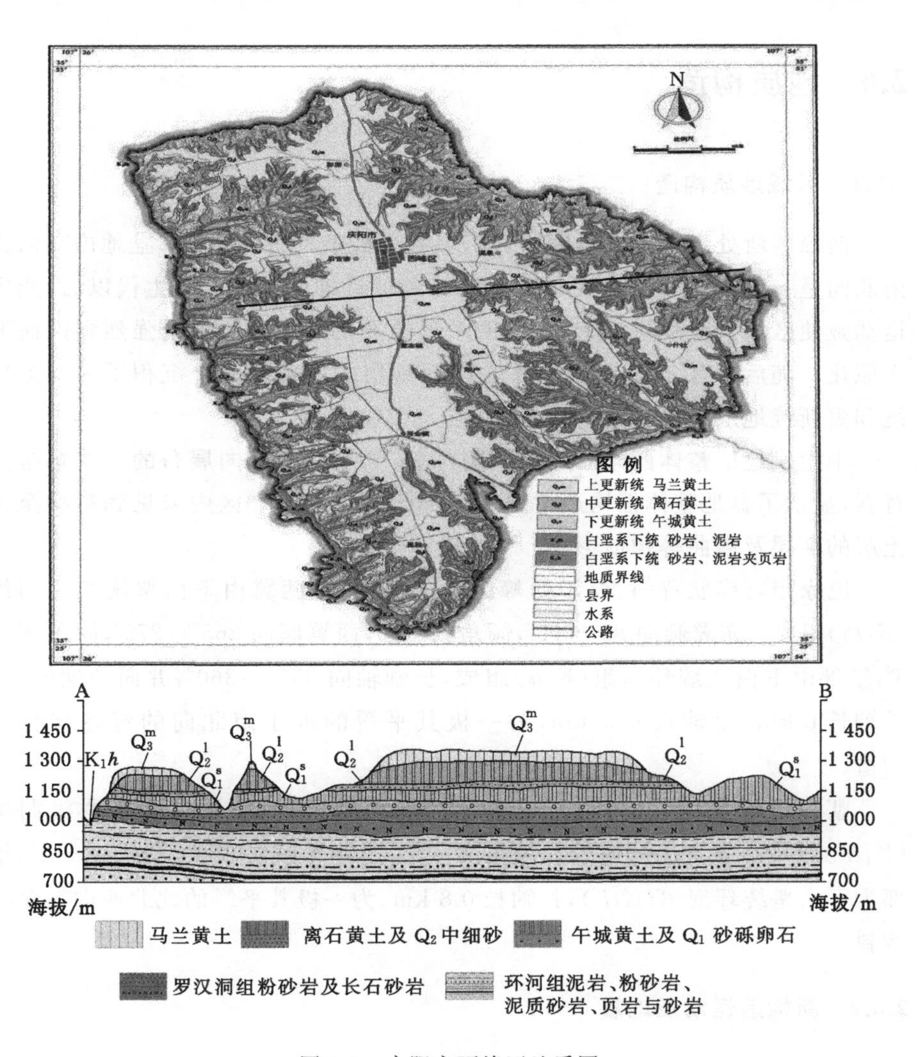

图 2-8　庆阳市西峰区地质图

结石层，与马兰黄土分界明显，结构致密，垂直裂隙发育，是董志塬区最主要的含水层位，厚一般为 70～90 m。多伏于马兰黄土之下，仅在塬侧有出露。

⑤ 午城黄土（Q_1^s）：出露于梁、峁区沟侧、塬侧的坡脚。浅红褐色，致密较坚硬，夹多层不明显的古土壤及姜结石层，钙质富集且常呈团块形式出现，黄土属中-重亚黏土，发育少量节理，地层中含少量裂隙-孔隙水，厚 20～70 m。伏于离石黄土之下，与下伏地层呈不整合接触。

2.6 地质构造

2.6.1 区域地质构造

西峰区所处大地构造位置属鄂尔多斯向斜东翼的一部分。盆地内轴向为南北向呈一极不对称的箕状向斜-天环向斜的近轴部东翼。中生代以后，燕山运动致使区域大面积稳定上升，近乎水平的下白垩系地层遭受强烈剥蚀而准平原化。随后本区又复下沉，于下白垩系地层的大夷平面上沉积了一套上新统和更新统地层。

中生代地层整体西倾而产状平缓，而东侧形成南北向展布的一些宽缓的背斜，显示了盆地整体性构造特征及局部的构造形态。区内未见到影响至黄土层的断层及褶曲等构造形迹。

巴家咀穹窿状背斜：位于西峰区西部蒲河中，两翼由下白垩统罗汉洞组(K_1lh)组成。东翼倾向85°～90°，倾角3°～5°，西翼倾向265°～270°，倾角3°～5°，轴部由下白垩统环河组(K_1h)组成，长轴轴向355°～360°，并向两端倾没。长轴长8 km，短轴长0.8 km，为一极其平缓的近于南北向的穹窿状背斜构造。

朝阳川穹窿状背斜：位于巴家咀背斜南部，两翼由下白垩统罗汉洞组(K_1lh)组成。东北翼倾向70°，倾角3°～5°，西北翼倾向250°，倾角3°～5°，轴部为下白垩统环河组(K_1h)，长轴长0.8 km，为一极其平缓的北北西向穹窿状背斜。

2.6.2 新构造运动及地震

第四纪以来，本区构造运动以振荡性上升运动为主，流水的侵蚀作用加剧，沟谷深切、残塬缩小、河谷Ⅱ级以上阶地成为基座阶地。

西峰区构造位置为华北断块区西部鄂尔多斯块体的西南部，四周被三大断陷盆地所围，其受大区域应力场控制，整体呈相对上升趋势，而内部也随着一些小的构造运动形成了一些次级的北东向和北西向断裂构造。大陆地质构造方面的特殊性，决定着区内中小地震的随机性以及承受邻近地区强烈地震波及影响的危险性。烈度大于等于6度的地震主要在环县、庆城县、镇原县、宁县一带，邻近地区强烈波及影响该区有记载的5级以上地震有：1109年1、2月和1568年4月11日庆城县发生的5.5级地震；1582年前镇原县发生的5级地震；1631年6月宁县发生的5级地震；1725年12月5日环县发生的5级地震；1920年12月16日下午7时，海原、固原发生的8.5级大地震，震中烈度12度，是波及该区最严重的一次地震。

依据国家标准《中国地震动参数区划图》(GB 18306—2015)及甘肃省地方标准《建筑抗震设计规程》(DB62/T 25-3055—2011)的规定，西峰区后官寨乡、彭原乡抗震设防烈度为7度，设计基本地震加速度值为0.10g；西峰城区各所属街道、肖金镇、董志镇、温泉乡、什社乡、显胜乡抗震设防烈度为6度，设计基本地震加速度值为0.05g(图2-9)。

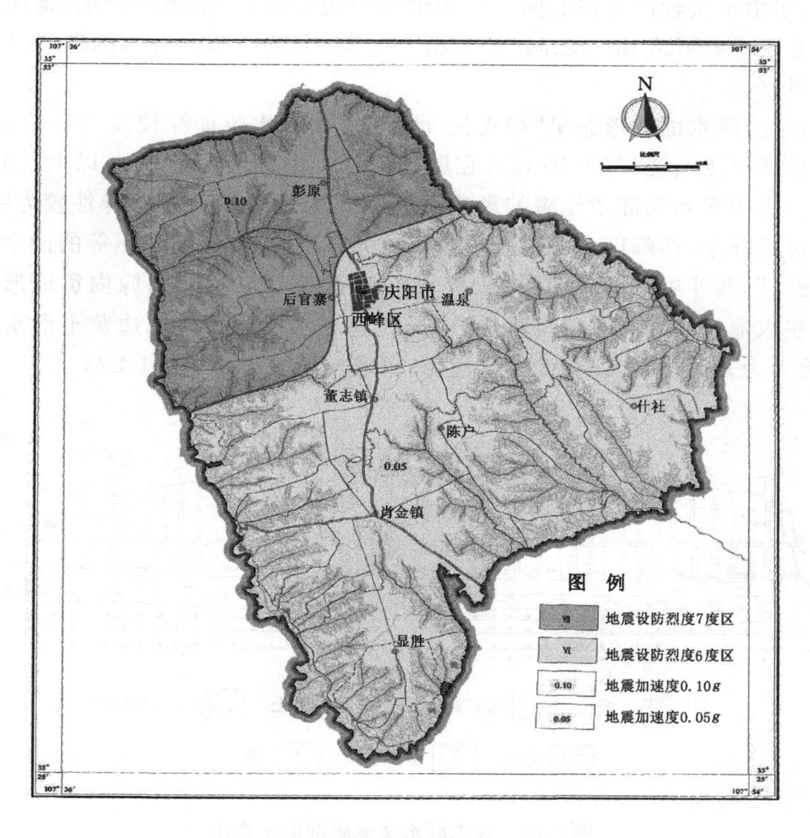

图2-9　西峰区地震设防烈度区划图

2.7 水文地质

区内地下水按其赋存条件主要分为两大类：第四系松散岩类孔隙-裂隙潜水和下白垩系碎屑岩类孔隙-裂隙承压水。

2.7.1 松散岩类孔隙-裂隙潜水

松散岩类孔隙-裂隙潜水又分为黄土潜水和河谷潜水。

黄土潜水分布于黄土塬及黄土梁峁区，含水层多处于中更新统离石黄土上层的下部，为孔隙-裂隙水，厚度变化较大，黄土潜水接受大气降水的入渗补给，潜水由水头较高的塬心向水头较低的塬边径流，黄土颗粒较细，地层渗透系数介于0.4～0.8 m/d之间，径流相对缓慢，决定了塬区潜水的埋深具有其独特风格。

首先，潜水面的形态呈“馒头状”凸起，塬中心水位埋深较浅(30 m)，至塬边水位埋深逐渐变深(>70 m)，在塬边潜水水力坡度可达60%以上。其次，由于人为因素和局部微地貌的影响，黄土潜水埋藏上的局部差异性较为明显。由于过量开采，西峰区水源范围内潜水位急剧下降，形成面积不等的两个地下水“漏斗”，漏斗中心潜水埋深达40～50 m(图2-10)。此外，塬内负地形和较大的积水池塘周围潜水位局部抬升，形成地下水“鼓丘”。塬边黄土潜水的排泄，除人为开采外，多以泉的形式溢出，单泉流量一般小于0.1 L/s。

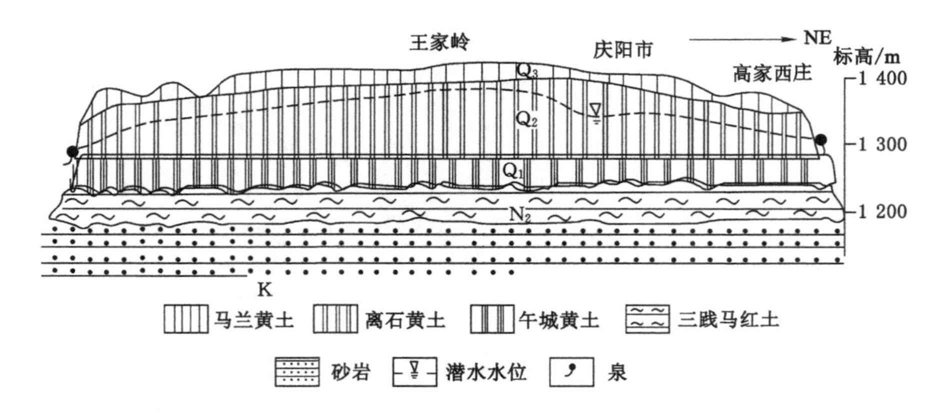

图2-10 董志塬水文地质剖面示意图

黄土潜水因径流畅通，水质普遍较好，水化学类型主要为 HCO_3-Ca・Mg 型和 HCO_3-Mg・Ca 型，矿化度 0.39～0.41 g/L，属淡质潜水类型，适合于工农业和生活用水。在西峰城区及其邻近地区，潜水矿化度略高于外围，一般为 0.43 g/L，个别达到 0.49 g/L，这与城区的轻度污染有关。

河谷潜水主要赋存于河谷区，如马莲河（包括环江）、蒲河、茹河等，主要赋存层位为第四系冲洪积层，赋水介质主要为砾砂、圆砾、碎石中的孔隙等，含水层厚度较薄，一般在 5 m 左右，单井涌水量一般小于 1 000 m^3/d。其水位、水质、水量动态受气象因素影响，具有明显的季节变化性。

河谷潜水的补给来源主要有大气降水、灌溉水、地表水及基底白垩系地下水的越流补给。河谷潜水的径流主要受河谷展布方向的控制，以水平径流方式为主，总的径流方向与地表水径流方向一致。河谷潜水的排泄方式主要有向地表溢出、人工开采及蒸发。

河谷潜水水质均较好，矿化度一般小于 1.0 g/L，水化学类型主要为 HCO_3-Ca・Mg 型。河谷潜水是河谷区人畜饮用水和城镇供水的主要水源。

潜水除受大气降水补给外，近河地段在洪水季节还接受地表水的回补。地下水自高处往低处径流，只是由于各处水力坡度及含水层透水性的不同，径流速度不同，流向与河流基本一致。

2.7.2　碎屑岩孔隙-裂隙水

碎屑岩孔隙-裂隙水赋存于白垩系泥岩、砂岩中，含水层分布广、厚度大、水量丰富。承压水动态在天然状态下变化不大，呈现基本稳定的动态类型。承压水位动态变化有季节性，一般高水位出现在 4—6 月份，低水位出现在 11、12 月份及翌年 1、2 月份，其他为平水期，年总变幅为 2.5 m 左右。

由于上覆层为第四系黄土及第三系红色泥岩，因而难以直接接受大气降水的入渗补给，其主要补给源来自上游承压水的侧向补给或潜水的越流补给，在本区西部接受来自六盘山地下径流的侧向补给。

含水层特征：

（1）环河组：含水层为泥质砂岩、泥岩、粉砂岩，水头高度 20～37.7 m，单井涌水量 1 000～2 080 m^3/d，水质西好东差，矿化度 0.34～7 g/L。

（2）罗汉洞组：主要分布在蒲河河谷地区，含水层为砂岩，水头高度 6.0～6.4 m，单井涌水量 500～2 000 m^3/d，南部水质较好，矿化度 1～2 g/L；北部水质较差，矿化度 3～10 g/L。

潜水与承压水在径流沿途亦向河流排泄，马莲河、蒲河等向下游沿途水量逐渐增大就是例证。最终在马莲河与泾河交汇处的下游马栏一带排泄出区。

2.8 人类工程经济活动

近半个世纪以来，随着科学技术的飞速发展，工农业生产建设迅速推进，电气化、机械化等程度快速提高，人类活动的广度、深度和能量越来越大，越来越频繁，随着人口增长，毁草垦荒，广种薄收，造成了生态失调。近几十年大致经历了两个人类活动的活跃期：① 20 世纪 50 年代中后期，是由大规模经济建设时期的开矿、筑路、修桥和整田所引起的；② 20 世纪 60 年代末到 80 年代初，大搞水利建设，任意破坏环境。修路、修房和修建其他建筑物时经常要削平山坡、挖断山脚，改变了山体坡度，加大了山坡临空面，从而引起包括滑坡在内的自然灾害系统的连锁反应。本区人类工程活动对地质环境的影响主要表现在以下几个方面：

（1）以农为本，高度垦殖，水土流失不断加剧

西峰区以农业生产为主，产业结构比较单一，但随着人口的不断增加，对土地的需求量也不断增加，有限的可利用土地资源越来越难以满足要求，人类不得不大量开垦耕地，高度垦殖破坏了原有的林木、草地，使土地的持水能力下降，降水下渗，岩土体裸露，风化能力加强，使水土流失面积和强度不断增加，植被稀少，沟壑纵横，地形破碎，进一步加剧了地质灾害的发生、发展。

（2）开挖坡体，筑路修房，引发地质灾害

现代交通运输业的不断发展，一方面极大地促进了当地经济建设发展，另一方面筑路切坡削方，开挖大量疏松黄土，形成高陡的不稳定边坡，造成滑坡，直接引发地质灾害。此外，挖坡填沟扩大使用面积、窑洞的修建，均为不稳定斜坡、滑坡的形成及成灾创造了条件。

（3）开采挖掘砂岩矿，形成采空区

巴家咀采砂区在历史上一直有大规模的采砂活动，由于管理不善、盲目开采而造成了大面积的采空区，主要分布于后官寨乡赵咀村业山组和南峁组一带，造成了严重的环境地质问题。特别是近几年来，随着经济建设的加快，对建材需求的不断增长，巴家咀采砂区的开采量也不断增大，采空塌陷区的面积也在扩大，已波及当地居民居住地，居民生活安全与生产建设的矛盾越来越激化，目前成为一个很重要的隐患点。

（4）砖厂取土，形成高陡边坡

西峰区内有得天独厚的大厚度黄土，尤其 Q_2 的离石黄土是烧制砖瓦的

良好材料。区内分布着不同规模砖瓦厂上百家，多为村办或私人经营，在取土过程中没有进行合理的规划，对取土场没有进行分级开挖，形成高陡边坡，一方面威胁坡顶的砖厂设备及附近的居民，另一方面威胁坡下的挖掘机等设备和人员(图 2-11、图 2-12)。

图 2-11　肖金镇陇岩砖厂取土形成的高陡边坡

图 2-12　董志镇野林砖厂取土的现场

因此，随着国民经济的发展，人类活动不可忽视，人工开挖坡脚，斜坡上部进行建筑加载，大量造田、兴建水利、开矿取土等，这些都将改变斜坡的形态和地下水的情况。黄土高原的地质灾害，其主导因素是黄土塬的地貌形态及黄土的特殊性质，人类活动的盲目性大大加剧了黄土斜坡失稳和危险，正在上升为这个地区地质灾害发展的主导因素之一。科学地保护和改善黄土地区的自然环境，恰当地调整人类在这一地区的工程和经济活动，已成为防治这一地区地质灾害的重要战略方针。

2.9 环境地质问题与地质灾害概况

2.9.1 环境地质问题

西峰区地处黄土高原东部，区内被大面积黄土覆盖，沟谷纵横，受水流冲蚀，地形切割强烈，且植被覆盖率低，人类工程活动频繁，特定的地质环境背景决定了西峰区存在的主要环境地质问题有：

(1) 黄土湿陷：根据区域资料，西峰区表层大部分被厚度 5～20 m 不等的湿陷性黄土层覆盖，该层黄土因其特殊的结构性，具有遇水湿陷的特性，湿陷性等级Ⅱ～Ⅳ级不等。黄土湿陷除可以直接导致建于其上的建(构)筑物地基破坏，也是导致斜坡类灾害失稳的重要内因。

(2) 水土流失：主要表现在区内大部分陡坡耕种后破坏原植被，破坏后的土地遭受水流冲蚀，造成水土流失。水土流失除造成土地沙化外，同时也为泥石流提供松散物质(面蚀物源)。此外，长期的冲蚀也是导致斜坡类灾害产生和失稳的重要因素。

(3) 矿山环境问题：该类问题在西峰区主要表现为蒲河两岸开采砂石后遗留的大面积采空区，随着矿山开采累积性对地质环境的影响，采空区环境问题也成了本区重要的环境地质问题之一。

除此之外，诸如水污染、地方病等地球化学环境问题也都有存在。人类工程经济活动引发和加剧的特定环境地质问题，如滑坡、不稳定斜坡和泥石流等灾害也广泛分布。

2.9.2 地质灾害概况

地质灾害是本区最突出的环境地质问题。西峰区突发性地质灾害的类型主要有不稳定斜坡、泥石流、滑坡和地裂缝等。

（1）不稳定斜坡

调查区不稳定斜坡按物质组成主要类型为黄土斜坡与土石复合斜坡两类。

黄土斜坡：主要发育于黄土塬冲沟边缘地带，其形成与黄土特有的垂直节理、直立性、易软化性等有关，主要在地震及坡脚冲蚀作用引起的一些高差较大的陡坎和斜坡局部变陡地段发育，坡面局部发育小型黄土崩塌或滑坡现象。

土石复合斜坡：主要发育于蒲河东岸斜坡，上部为第四系下更新统午城黄土，下部为白垩系粉砂岩、泥岩等较软岩和较坚硬岩，该类斜坡在调查区仅有一处发育。

（2）泥石流

区内泥石流按物质组成划分均属泥流，主要分布于蒲河东岸的黄土残塬地区，以董志镇、肖金镇、显胜乡一带最为集中。固体物质以黏土、粉砂和砂为主，夹杂少量块石，为中小型规模的沟谷型稀性泥流，沟口扇不明显。以冲淤的形式威胁沟口堆积区附近的村庄及公路，以低易发为主，危害程度轻。

（3）滑坡

根据滑坡体的物质组成和结构形式等因素，区内滑坡均为黄土滑坡。

黄土滑坡主要分布于区内冲沟边缘和黄土覆盖的高阶地丘陵一带。平面形态多呈“圈椅状”，规模为中小型，以浅层为主。滑动面往往位于黄土层内或者位于黄土与下伏基岩的接触面，其中部、后部由黄土的垂直节理演化而成。

（4）地裂缝

区内地裂缝主要为黄土湿陷形成的裂缝，受大气降水的冲刷，裂缝不断扩大，主要分布于黄土梁峁区，以后官寨乡、陈户乡、什社乡一带最为集中。均为小型地裂缝，主要威胁房屋、公路及农田等。

第3章　地质灾害特征

3.1　地质灾害类型

根据前期相关单位对西峰区地质灾害调查与区划报告及地质灾害详细调查结果，本区地质灾害主要类型有不稳定斜坡、滑坡、泥石流及地裂缝四类，其中《西峰区地质灾害调查与区划》确定地质灾害隐患点47处，此次调查新增地质灾害点33处，共确定地质灾害隐患点80处，具体见图3-1和表3-1。

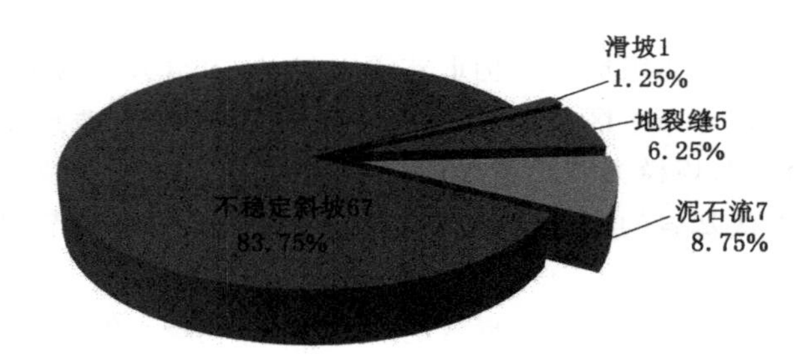

图3-1　西峰区地质灾害类型分布图

表3-1　西峰区地质灾害详查灾害点一览表

灾害类型			灾害点							地质环境点	总计
			泥石流	滑坡	崩塌	不稳定斜坡	地面塌陷	地裂缝	合计		
工作内容	县市地质灾害调查与区划		12	9	18	1	2	6	48		47
	地质灾害详细调查	修正去除	5	9	18	0	2	1	35		35
		新增	0	1	0	66	0	0	67	222	289
合计			7	1	0	67	0	5	80	222	302

3.1.1　滑坡

本次将已发生滑坡两侧仍有发生滑坡隐患的斜坡段全部归入不稳定斜坡，因此，调查区内确定滑坡灾害仅有 1 处，分布于黄土塬冲沟边缘。该滑坡坡顶高程 1 316 m，坡脚高程 1 251 m，坡高 65 m，按物质组成划分属黄土滑坡，组成物质主要为马兰黄土及离石黄土，滑体厚约 2 m，属浅层滑坡，滑体长约 80 m，宽约 50 m，总体积约 0.8×10^4 m^3，属小型滑坡。按运动形式划分为牵引式滑坡，按发生年代属老滑坡，滑坡体上有马刀树生长(图 3-2、图 3-3)。

图 3-2　肖金镇脱坳村王窑庄滑坡

3.1.2　不稳定斜坡(潜在崩塌、滑坡)

不稳定斜坡是区内发育最多的地质灾害类型，本次确定了 67 处，主要分布于黄土塬冲沟边缘，变形趋势主要为滑坡和崩塌。按物质组成划分为土质斜坡、土石复合斜坡两类，其中以土质边坡为主，占总数的 97.0%，仅有 2 处土质-岩质斜坡，占总数的 3.0%；按形成原因划分，有 44 处为自然形成，23 处为人工切削形成；区内不稳定斜坡以低、中坡为主，其中坡高小于 50 m 的斜坡 54 处，坡高 50～100 m 的斜坡 10 处，坡高 100～300 m 的斜坡 3 处；按斜坡坡度划分，主要集中发育于陡坡及陡崖，坡度在 8°～25°的斜坡 2 处，坡度在 25°～60°的斜坡 39 处，坡度大于 60°的斜坡 26 处。根据西峰区斜坡发育的特点，按不

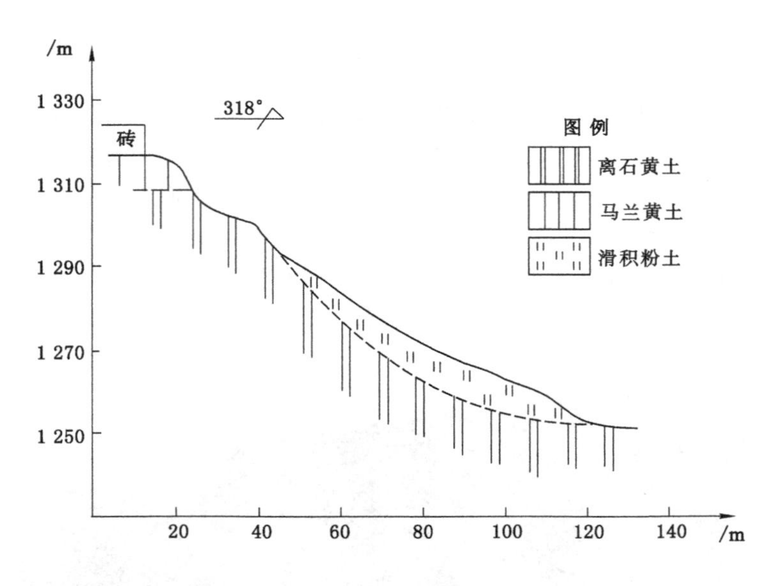

图 3-3　肖金镇脱坳村王窑庄滑坡剖面图

同的斜坡分类依据对区内斜坡进行类型划分，见表 3-2、表 3-3。

表 3-2　西峰区不稳定斜坡类型划分表

分类依据	斜坡类型	主要特征		数量	百分比/%
物质组成	土质斜坡	发生于土层中		65	97.0
	岩质斜坡	发生于基岩中		0	0
	土质-岩质斜坡	发生于土层-基岩中		2	3.0
形成原因	自然斜坡	自然作用形成		44	65.7
	人工斜坡	人工切削形成		23	34.3
坡高	低坡	坡高＜100 m	坡高＜50 m	54	79.4
			坡高 50～100 m	10	16.2
	中坡	坡高 100～300 m		3	4.4
	高坡	坡高＞300 m		0	0
坡度	平台	坡度≤8°		0	0
	缓坡	坡度 8°～25°		2	3.0
	陡坡	坡度 25°～60°		39	68.8
	陡崖	坡度＞60°		26	38.2

表 3-3　西峰区部分不稳定斜坡特征统计表

序号	野外编号	地理位置	坐标	类型	坡高/m	坡长/m	坡宽/m	坡度/(°)	破坏方式	稳定性	灾点照片
1	XF084	西峰区火巷村	107°38′58.1″E 35°44′35.5″N	土质斜坡	128	135	15	78	滑坡	不稳定	
2	PY021	彭原乡邵家寺村吕家咀组	107°31′38.7″E 35°48′30.1″N	土质斜坡	17	20	90	80	崩塌	不稳定	
3	XF002	郑家沟圈村	107°37′08″E 35°36′20″N	土质斜坡	17	18	100	56	滑坡	较稳定	

表 3-3(续)

序号	野外编号	地理位置	坐标	类型	坡高/m	坡长/m	坡宽/m	坡度/(°)	破坏方式	稳定性	灾点照片
4	XF009	张庄家村	107°36′25″E 35°37′50″N	土质斜坡	107	140	130	48	滑坡	不稳定	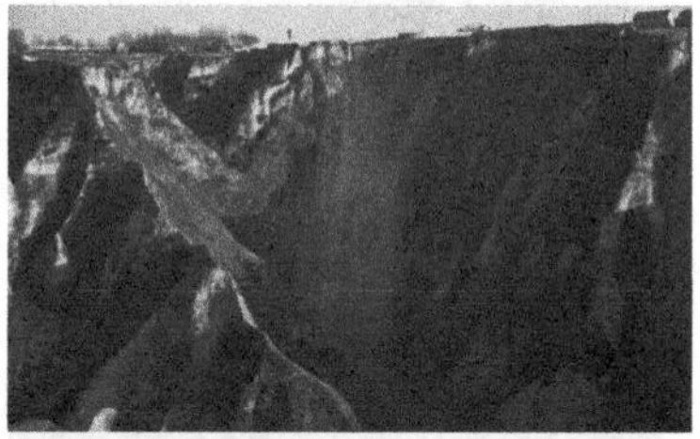
5	XF019	徐家沟畔村	107°36′35″E 35°41′9″N	土质斜坡	43	55	110	46	崩塌	不稳定	
6	XF020	徐家沟畔村	107°36′45″E 35°41′15″N	土质斜坡	20	35	80	35	滑坡	不稳定	

表 3-3(续)

序号	野外编号	地理位置	坐标	类型	坡高/m	坡长/m	坡宽/m	坡度/(°)	破坏方式	稳定性	灾点照片
7	XF049	方家庄村	107°35′53″E 35°51′5″N	土质斜坡	45	60	160	57	滑坡	不稳定	
8	XF072	三里沟畎村	107°37′43″E 35°45′35″N	土质斜坡	36	43	100	70	滑坡	较稳定	
9	XF109	李堡村	107°39′55″E 35°42′11″N	土质斜坡	2	162.5	200	40	滑坡	较稳定	

表 3-3(续)

序号	野外编号	地理位置	坐标	类型	坡高/m	坡长/m	坡宽/m	坡度/(°)	破坏方式	稳定性	灾点照片
10	XF118	温泉乡米堡村	107°42′9″E 35°41′24″N	土质斜坡	8	10	50	80	滑坡	较稳定	
11	XF124	陈户乡陈户村寺田砖厂组	107°42′41″E 35°39′54″N	土质斜坡	14	16	200	70	滑坡	较稳定	
12	SS021	什社乡贺塬村贺家川组	107°49′38.0″E 35°35′32.5″N	土质斜坡	6	8	150	55	滑坡	较稳定	

表 3-3(续)

序号	野外编号	地理位置	坐标	类型	坡高/m	坡长/m	坡宽/m	坡度/(°)	破坏方式	稳定性	灾点照片
13	XJ007	肖金镇肖金村唐沟圈社	107°38′15.8″E 35°34′54.8″N	土质斜坡	43	60	150	60	崩塌	较稳定	
14	XJ012	肖金镇脱坳村王老庄组	107°39′7.9″E 35°33′51.2″N	土质斜坡	59	73	100	48	滑坡	较稳定	
15	XJ022	肖金镇双掂村双桐组	107°38′17.2″E 35°32′40.1″N	土质斜坡	56	62	190	45	滑坡	不稳定	

（1）土质斜坡

受新构造运动抬升的影响，董志塬表面沟壑较为发育，地形破碎，支沟交错纵横，野外调查时发现该区域多为土质不稳定斜坡发育，组成物质主要为马兰黄土及离石黄土。区内调查确定的 65 处土质不稳定斜坡，斜坡的坡度集中分布在 40°～85°之间，坡高也主要集中在 8～50 m 之间。因为坡顶多为道路建设和村民房屋建设区域，部分斜坡顶部或底部居民居住，受坡顶加载、开挖坡脚、挖掘窑洞、砖厂不合理取土方及废水排放的影响，这些区域的斜坡成为崩塌、滑坡灾害的高发区。据统计，每年西峰区境内的崩塌、滑坡灾害发生在这一区域的占到 90%以上。

（2）土质-岩质斜坡

土质-岩质斜坡在调查区内部发育，本次工作共调查出土质-岩质不稳定斜坡 2 处，组成物质以马兰黄土，离石黄土，午城黄土及 K_1lh、K_1h 粉砂岩为主，主要集中于基岩出露地段的交通干线沿线，多为人类工程活动开挖坡脚所致。上部黄土大部分时间不含水，在雨季接受大气降水的入渗补给后，在黄土层与下伏白垩系泥岩、粉砂岩的接触面形成一定的滞水带，增加了坡体的重量，大大降低了土体的主要力学参数，使高临空的斜坡体发生失稳而形成崩塌、滑坡。

3.1.3 泥石流

泥石流在西峰区内发育较少，全区现有灾害性泥石流沟 7 条，其平均发育密度为 0.009 2 条/km^2，但分布比较集中，主要分布区域涉及董志、肖金和显胜三个乡镇蒲河东岸黄土梁、峁、沟壑区的冲沟。区内地形破碎，呈现出梁、峁等丘陵起伏、沟壑纵横的地貌景观。黄土层覆盖厚度大，植被不发育，丰水期暴雨较频繁且雨量集中的情况下，水土流失严重。区内泥石流按水源类型划分均为暴雨型，按物质组成划分均为泥流，其物质组成以黄土为主，物质来源主要是流水对沟谷的面蚀及两侧崩塌、滑坡形成的松散堆积物，按流域形态划分均为沟谷型，按流体性质划分均属稀性泥流，按规模划分为 4 条中型、3 条小型，按易发程度划分为 6 条中易发、1 条低易发。沟口扇不明显，主要以冲淤的形式威胁沟口堆积区附近的村庄、公路、农田、水库等设施（表 3-4、表 3-5）。

表 3-4　西峰区泥石流类型一览表

分类依据	类型	分类指标及特征	数量	百分比/%
水源类型	暴雨型	由暴雨因素激发形成的泥石流	7	100
物质组成	泥流	由细粒径土组成,偶夹砂砾,黏度大,颗粒均匀	7	100
	泥石流	由土、砂、石等混杂组成,颗粒差异性大	0	0
	水石流	由砂、石组成,粒径大,堆积物分选强	0	0
流域形态	沟谷型	流域完整,面积一般大于 0.2 km^2,支沟发育,多呈 V 形,有明显的形成区、流通区和堆积区,主要危害沟口	7	7
	山坡型	流域面积一般小于 0.2 km^2,无明显的流通区,形成区和堆积区直接相连,主要危害堆积区	0	0
流体性质	黏性	重度大于 16 kN/m^3,固体物质含量 960～2 000 kg/m^3,黏度大于 0.3 Pa·s,层流有阵流,浆体黏稠,悬力大,流体直进性强,固体松散物补给量大	0	0
	稀性	重度小于 16 kN/m^3,固体物质含量 300～1 300 kg/m^3,黏度小于 0.3 Pa·s,紊流,浆体混浊,悬托力弱,固体松散物补给量小	7	100
规模	特大型	一次最大冲出量大于 5×10^5 m^3	0	0
	大型	一次最大冲出量(2～5)$\times10^5$ m^3	0	0
	中型	一次最大冲出量(0.2～2)$\times10^5$ m^3	4	57.1
	小型	一次最大冲出量小于 0.2×10^5 m^3	3	42.9
易发程度	高易发	泥石流沟综合评判总分≥116 分	0	0
	中易发	泥石流沟综合评判总分为 87～115 分	6	85.7
	低易发	泥石流沟综合评判总分为 44～86 分	1	14.3
	不易发	泥石流沟综合评判总分≤43 分	0	0

3.1.4　地裂缝

西峰区内地裂缝发育比较普遍,共发育 5 条,行政区划上分布于陈户、董志、后官寨和显胜乡,均为沟壑发育的黄土残塬梁峁区,一方面因黄土的湿陷性和垂直节理发育的特性,大气降水沿黄土中的节理裂隙下渗,长期作用在黄土中冲蚀形成串珠状落水洞,进而发展为地裂缝;另一方面部分黄土梁、峁受两侧冲沟的溯源侵蚀作用,两侧冲沟即将贯通,局部发生整体变形,发育地裂缝。区内地裂缝按规模划分均属小型(表 3-6、表 3-7)。

表 3-5　西峰区部分泥石流基本特征表

序号	野外编号	地理位置		流域面积/km^2	主沟长度/km	相对高差/m	主沟纵坡/‰	松散物厚度/m	松散物储量/($10^4\ m^3/km^2$)	最大冲出量/$10^4\ m^3$	泥石流照片
		沟名	沟口位置								
1	XJ025	石咀沟	肖金镇上刘村石咀组	8.21	5.80	384	53.1	1	0.8	3.07	
2	XJ028	庙南沟	肖金镇夏刘村毛河组	6.37	1.62	362	60.2	0.7	1	2.56	

表 3-5(续)

序号	野外编号	地理位置		流域面积/km^2	主沟长度/km	相对高差/m	主沟纵坡/‰	松散物厚度/m	松散物储量/(10^4 m^3/km^2)	最大冲出量/10^4 m^3	泥石流照片
		沟名	沟口位置								
3	XS018	蒲家河沟	显胜乡蒲河村蒲家河组	0.64	1.62	314	123.5	0.5	0.6	0.64	
4	XS019	大沟	显胜乡毛寺村毛家寺组	6.06	5.90	389	45.42	1	0.9	2.46	

表 3-6　西峰区地裂缝规模划分

规模	划分标准	发育数量	百分比/%
巨型	地裂缝长度≥1 km,地面影响宽度>20 m	—	—
大型	地裂缝长度≥1 km,地面影响宽度 10～20 m	—	—
中型	地裂缝长度≥1 km,地面影响宽度 3～10 m; 或地裂缝长度≤1 km,地面影响宽度 10～20 m	—	—
小型	地裂缝长度≥1 km,地面影响宽度 3 m; 或地裂缝长度≤1 km,地面影响宽度<10 m	5	100

表 3-7　西峰区地裂缝特征一览表

<table>
<tr><th>序号</th><th>编号</th><th colspan="3">特征</th><th>照片</th></tr>
<tr><td rowspan="4">1</td><td rowspan="4">HZ009</td><td>地理位置</td><td>形态</td><td>延伸方向</td><td rowspan="4"></td></tr>
<tr><td>后官寨乡王岭村石家堡组</td><td>直线</td><td>8°</td></tr>
<tr><td>长度/m</td><td>宽度/m</td><td>深度/m</td></tr>
<tr><td>500</td><td>0.3～0.5</td><td>2～3</td></tr>
<tr><td rowspan="4">2</td><td rowspan="4">DZ004</td><td>地理位置</td><td>形态</td><td>延伸方向</td><td rowspan="4"></td></tr>
<tr><td>董志镇庄头村下冯家组</td><td>直线</td><td>350°</td></tr>
<tr><td>长度/m</td><td>宽度/m</td><td>深度/m</td></tr>
<tr><td>200</td><td>0.1～0.4</td><td>7</td></tr>
<tr><td rowspan="4">3</td><td rowspan="4">CH002</td><td>地理位置</td><td>形态</td><td>延伸方向</td><td rowspan="4"></td></tr>
<tr><td>陈户乡六年村五星塬组</td><td>弧形</td><td>5°</td></tr>
<tr><td>长度/m</td><td>宽度/m</td><td>深度/m</td></tr>
<tr><td>5</td><td>0.1</td><td>1</td></tr>
</table>

表 3-7(续)

序号	编号	特征			照片
4	CH004	地理位置	形态	延伸方向	
		陈户乡六年村满山组	直线	45°	
		长度/m	宽度/m	深度/m	
		15	0.1～0.2	7～8	
5	XS021	地理位置	形态	延伸方向	
		显胜乡显胜村庙底组	直线	340°	
		长度/m	宽度/m	深度/m	
		40	1.6	1.2	

3.2　地质灾害分布及发育特征

3.2.1　地质灾害分布规律

西峰区地质灾害分布广、数量多，灾害点密度大，危害点分布具有明显的普遍性。受地形地貌、构造、岩土体结构、植被、人口分布、人类活动强度等因素影响，区内地质灾害分布及发育具有明显的区域性差异(图 3-4)。

3.2.1.1　滑坡、不稳定斜坡

调查区内滑坡、不稳定斜坡的空间分布具有以下规律：

(1) 不稳定斜坡灾害集中分布于黄土残塬梁、峁、沟壑区及局部河谷，表层马兰黄土大面积覆盖，塬面冲沟发育，塬边地形切割破碎，其地貌特征呈现出黄土残塬梁、峁和沟壑。该区新构造运动呈上升趋势，冲沟切割强烈，沟岸陡直，冲沟横断面呈 V 形，破碎的地形利于斜坡发生变形破坏。

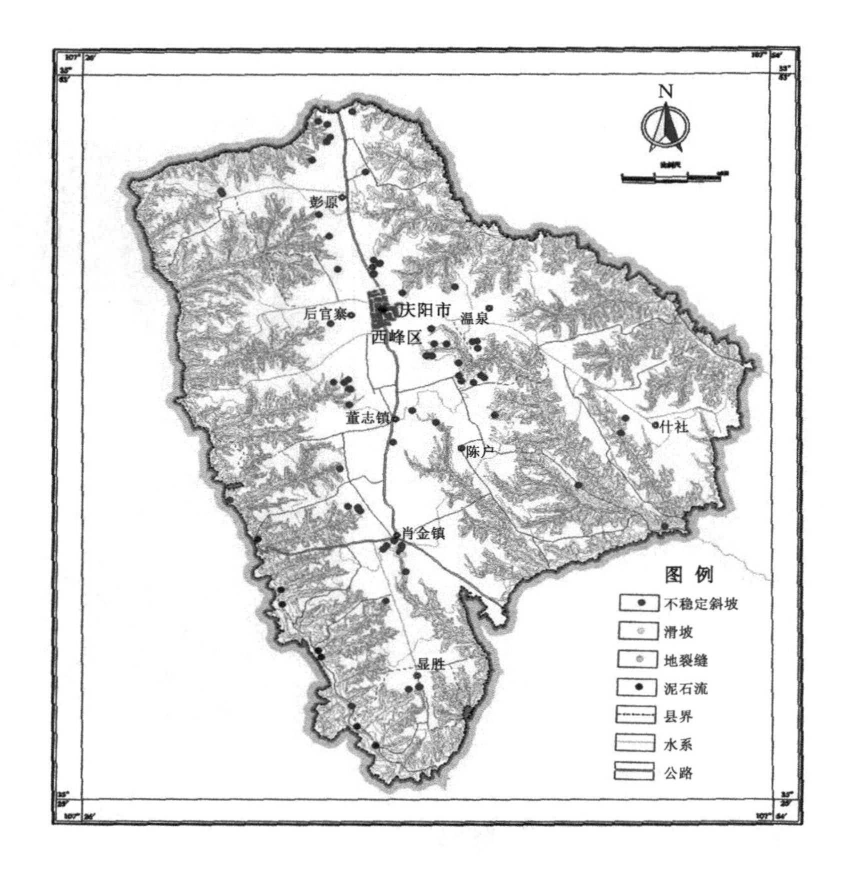

图 3-4　西峰区地质灾害分布图

(2) 不稳定斜坡在特定的地层中集中分布：本区不稳定斜坡主要发育于黄土地层，因黄土结构疏松、孔隙发育、垂直节理发育而具湿陷性，特殊的地层利于斜坡发生变形破坏。

(3) 滑坡沿一定的斜坡集中分布：沟谷的切割深度、斜坡的坡度和斜坡的结构特征是控制滑坡形成的基本条件。区内山坡高差多在 100～500 m 之间，坡度 30°～70°，斜坡上部为马兰黄土，下部大部地段为砂质泥岩或泥岩。该类斜坡十分有利于滑坡的形成，因而也是滑坡集中分布的地段。

(4) 发育于人类活动强烈的地段：区内滑坡、不稳定斜坡的形成与人类活动紧密相关，坡顶修建房屋或公路增加坡体荷载，坡底修建公路开挖坡脚形成临空面，坡顶耕种有利于大气降水渗入坡体中。这些人类活动强烈的地区，往往也是滑坡、不稳定斜坡集中分布的地段。

3.2.1.2 泥石流

调查区泥石流的空间分布具有以下规律：

(1) 泥石流的分布与人类活动密切相关：区内泥石流主要集中分布在蒲河东侧，区内中东部黄土梁、峁、沟壑区及较大的沟谷区人口密度相对较大，人类工程活动强烈，泥石流相对发育。

(2) 泥石流的发育因区域地质环境条件的不同而有所差异：由于调查区的南部地处秦岭的北坡，林草植被较好，加上近年来封山育林和天保工程的实施，各沟谷流域内植被逐渐转好，不良地质现象不甚发育，以洪水沟居多，泥石流不甚发育。但在区内的中东部及黄土丘陵和梁峁区，植被相对较差，泥石流相对发育。

调查区内的滑坡、不稳定斜坡、泥石流的形成多为降水和地震引发。从其形成的时间分布特征来看，往往降水多的年份也是这些灾害体多发的年份，灾害体的形成大多集中于每年的雨季，据资料统计约有 90%以上的地质灾害发生于每年的 6—9 月。地震引发的滑坡、崩塌、不稳定斜坡形成的表现，一是地震时发生整体滑塌；二是地震时没有明显的滑塌现象，仅在后缘出现裂缝，随后因降雨、再次地震及人类工程活动而发生坡体整体或局部的滑塌。

3.2.2 地质灾害发育特征

(1) 普遍性和不均匀性

根据本次调查结果，西峰区境内的泥石流、不稳定斜坡等地质灾害分布广泛，遍及全区 7 个乡镇，但各个乡镇的灾害密集程度有所不同，灾害点最多的为人类工程活动最强烈的西峰城区，地质灾害点达到了 48 处，其次为肖金镇、显胜乡、什社乡、董志镇等。灾害点较少的为温泉乡、后官寨等乡镇。各乡镇辖区内地质灾害点统计见表 3-8。

表 3-8 西峰区各乡镇灾害点统计表

序号	乡镇	不稳定斜坡/处	泥石流/条	滑坡/处	地裂缝/条	合计
1	城区	48				48
2	肖金镇	8	4	1		13
3	董志镇	2	1			2
4	什社乡	3			1	1
5	温泉乡					

表 3-8(续)

序号	乡镇	不稳定斜坡/处	泥石流/条	滑坡/处	地裂缝/条	合计
6	后官寨				1	2
7	彭原乡	2			2	4
8	显胜乡	4	2		1	7
共计/处		67	7	1	5	80

(2) 时间上的周期性

区内滑坡、泥石流及部分地裂缝的发生与降水的周期基本一致,降水多的年份、月份,地质灾害的发生频率也明显偏高。

通过地质灾害发生时间与各年及月降雨量比照发现,西峰区地质灾害发生时间上与年降水量和月降水量呈正相关,丰水年滑坡、泥石流灾害爆发多,枯水年灾害发生少。与降水的丰枯周期相对应,爆发频率亦有 9～11 年的长周期和 3～4 年的短周期。一年中 6—9 月四个月降水量集中,据资料统计约有 90%以上的地质灾害发生于每年的丰水期。

(3) 突发性

尽管每个滑坡在发生前均有变形迹象,但人们容易忽视,而表现出其突发性特征。泥石流形成更是迅猛强烈,具有流动速度快、历时短的特点。其形成主要受突发水流的影响,加之狭窄的沟谷地形、宽阔的汇水面积,使得泥石流的形成十分突出,一场泥石流从发生到结束一般仅几分钟到几十分钟,在流通区的流速每秒可高达 5 m 以上,因而使得泥石流爆发时往往难以预防,更增加了灾害的突发性。

(4) 复发性

西峰区泥石流、滑坡灾害都不同程度地表现出复发性活动特征,其中尤以泥石流最为明显。泥石流活动周期与降雨周期完全保持一致,凡区内较大的泥石流沟,均存在很大的复发性。调查发现,区内多条泥石流沟均多次发生泥石流,且造成多次灾害,普遍具有复发性。如显胜乡的大沟泥石流基本每年雨季都会发生,多次冲毁沟口农田、道路,给当地均造成不同程度的财产损失。

滑坡的复发性虽然没有泥石流明显,但强降雨过程往往诱发一定区段内小型滑坡和崩塌的复发,而长时间的降雨过程则更容易诱发大型黄土滑坡的强烈活动或局部滑动。

(5) 群发性

区内的地质灾害分布明显受地质构造的控制,地质环境条件差、断裂发育的地带地质灾害密集发育，一次大暴雨就能诱发数条泥石流，而在某段斜坡上发育数个不稳定斜坡的现象更不鲜见，群发性特征十分明显。

3.3 地质灾害稳定性与危害性评价

地质灾害的稳定性指斜坡类灾害的稳定程度和泥石流的易发程度，评价突出“以人为本”的原则，重点对威胁群众生命财产安全的地质灾害隐患点予以评价。地质灾害的危害性包括已成灾地质灾害的灾情评价、地质灾害隐患点的险情评价及危害性特征分析。通过稳定性和危害程度的评价确定了各地质灾害隐患点的危险性，为危险性分区提供基础依据。

3.3.1 地质灾害稳定性评价

3.3.1.1 滑坡、不稳定斜坡隐患点稳定性评价

以《滑坡崩塌泥石流灾害调查规范(1∶50 000)》(DZ/T 0261—2014)中的“滑坡稳定性野外判别表”(表 3-9)作为滑坡稳定性的评价标准；不稳定斜坡依照《县(市)地质灾害调查与区划基本要求实施细则》中的“斜坡稳定性野外判别表”(表 3-10)。结合滑坡、不稳定斜坡的形成条件、影响因素及现今变形破坏迹象进行综合分析评价。

表 3-9　滑坡稳定性野外判别表

滑坡要素	不稳定	较稳定	稳定
滑坡前缘	滑坡前缘临空或隆起，坡度较陡且常处于地表径流的冲刷之下，有发展趋势并有季节性泉水出露，岩土潮湿、饱水	前缘临空，有间断季节性地表径流流经，岩土体较湿，斜坡坡度在 30°～45°之间	前缘斜坡较缓，临空高差小，无地表径流流经和继续变形的迹象，岩土体干燥
滑体	滑体平均坡度＞40°，坡面上有多条新发展的滑坡裂缝，其上建筑物、植被有新的变形迹象	滑体平均坡度在 25°～40°之间，坡面上局部有小的裂缝，其上建筑物、植被无新的变形迹象	滑体平均坡度＜25°，坡面上无裂缝发展，其上建筑物、植被未有新的变形迹象
滑坡后缘	后缘壁上可见擦痕或有明显位移迹象，后缘有裂缝发育	后缘有断续的小裂缝发育，后缘壁上有不明显变形迹象	后缘壁上无擦痕和明显位移迹象，原有的裂缝已被充填
滑坡两侧	有羽状拉张裂缝或贯通形成滑坡侧壁边缘裂缝	形成较小的羽状拉张裂缝，未贯通	无羽状拉张裂缝

表 3-10　斜坡稳定性野外判别表

斜坡要素	稳定性差	稳定性较差	稳定性好
坡角	临空，坡度较陡且常处于地表径流的冲刷之下，有发展趋势，并有季节性泉水出露，岩土潮湿、饱水，人类工程活动强烈	临空，有间断季节性地表径流流经，岩土体较湿，斜坡坡度在 30°～45°之间，人类工程活动较强烈	斜坡较缓，临空高差小，无地表径流流经和继续变形的迹象，岩土体干燥，人类工程活动弱
坡体	平均坡度>40°，坡面上有多条新发展的裂缝，其上建筑物、植被有新的变形迹象，裂隙发育或存在易滑软弱结构面	平均坡度在 30°～40°之间，坡面上局部有小的裂缝，其上建筑物、植被无新的变形迹象，裂隙较发育或存在软弱结构面	平均坡度<30°，坡面上无裂缝发展，其上建筑物、植被没有新的变形迹象，裂隙不发育，不存在软弱结构面
坡肩	可见裂缝或明显位移迹象，有积水或存在积水地形，或有水渠通过	有小裂缝，无明显变形迹象，存在积水地形	无位移迹象，无积水，也不存在积水地形

具体评价方法采用地质历史分析法和工程地质类比法。即在分析滑坡所处地质环境条件的同时，重点依据滑坡、不稳定斜坡的变形史以及破坏迹象，并根据区内以往滑坡发生的条件进行类比分析，判定其稳定性。

依据上述方法进行判别，在现有条件下 21 处斜坡处于不稳定状态，占总数的 31%；有 46 处斜坡处于较稳定状态，占总数的 69%，因此，区内发育的滑坡和不稳定斜坡的稳定性以较稳定为主。

3.3.1.2　泥石流隐患点易发性评价

依据规范中的“泥石流易发程度数量化表”进行评价，对 15 个因子逐个打分，然后综合其评分结果，以此划分泥石流的易发性，其划分标准见表 3-11。

表 3-11　西峰区泥石流易发程度分级表

易发程度	总分	泥石流数量	百分比/%
高易发(严重)	>113	0	0
中易发(中等)	84～113	1	14.3
低易发	40～83	6	85.7
不易发	<40	0	0
总计		7	100

根据以上原则、依据和方法，对区内7条泥石流进行易发性评价。结果表明，中易发6条，占总数的86%；低易发1条，占总数的14%；无高易发和不易发沟谷。可见，区内泥石流以中易发为主，低易发次之。

3.3.2　地质灾害危害性评价

地质灾害的危害性主要指历史灾情和现状险情。地质灾害灾情指滑坡和泥石流等地质灾害活动造成的破坏损失情况。具体包括人口伤亡数量和折合的直接经济损失（各种工程设施及其他财产破坏程度与损毁数量、对人民生活和各项产业的危害程度、对资源和环境的破坏程度）。据不完全统计，西峰区自中华人民共和国成立以来因地质灾害共造成3人死亡，直接经济损失高达3 882万元。

地质灾害险情是指根据灾害危险区内人员、牲畜、公共设施、农田、房屋等的分布情况，在预测发生地质灾害后，对可能造成的最大经济损失和人员伤亡进行的综合评价。根据本次调查统计，西峰区现发育80处地质灾害点，受地质灾害威胁的人员有1 877人，受威胁的资产达到1.55亿元。

灾情和险情分级采用国土资源部2006年4月发布《〈县(市)地质灾害调查与区划基本要求〉实施细则(修订稿)》中的“地质灾害灾情和险情分级标准”(表3-12)进行评估。地质灾害灾情分级采用“死亡人数”和“直接经济损失”指标，对已发生的地质灾害危害程度进行分级。地质灾害险情分级采用“受威胁人数”和“潜在经济损失”指标，对可能发生的地质灾害危害程度进行分级。

表3-12　地质灾害灾情和险情分级标准表

险情分级			灾情分级		
等级	受威胁人数/人	潜在经济损失/万元	等级	死亡人数/人	直接经济损失/万元
特大型	≥1 000	≥10 000	特大	≥30	≥1 000
大型	100～1 000	5 000～10 000	大	10～30	500～1 000
中型	10～100	500～5 000	中	3～10	100～500
小型	＜10	＜500	小	＜3	＜100

3.3.2.1　地质灾害经济损失评估方法

（1）地质灾害经济损失评估原则

① 评估地质灾害经济损失时，必须首先对人员及其与人类活动有关的所有损失进行评估。

② “一分为二”的原则，即在对地质灾害经济损失评估时，分为现状经济损失评估和预测经济损失评估两部分。现状经济损失评估是指对已发生的地质灾害所造成的人员伤亡和直接经济损失的统计；预测评估是指对地质灾害隐患点可能造成的人员伤亡和经济损失进行预测性评估。

③ 本次评估只考虑直接经济损失的统计与评估，对间接经济损失暂不考虑。

④ 对地质灾害损失评估和预测评估均采用成本法进行评估，受灾体价格标准采用甘肃省物价局提供的省内平均价格标准。同时，根据区内的物价水平适当做一些补充调整。

（2）地质灾害经济损失评估依据标准

①《甘肃省人民政府关于印发甘肃省征地补偿区片综合地价及甘肃省征地补偿统一年产值标准的通知》（甘政发〔2012〕151 号）：利用其中的土地补偿标准进行土地损失概算。

②《庆阳市城市规划区征收集体土地地面附着物补偿标准》：利用其中的建筑物、成片果园、花卉蔬菜等土地征收辅助物的补偿标准进行损失概算。

（3）评估方法

地质灾害经济损失评估方法采用静态成本评价法，即不考虑时间因素。

评价公式为：

$$J_{\mathrm{p}}=\sum_{i=1}^{n} a_i \cdot w_i$$

式中　J_{p}——经济损失评估，万元；

a_i——评估单价，元/标准单位；

w_i——损失实物量，标准单位；

n——项数。

3.3.2.2　历史灾情

据本次调查统计，西峰区自中华人民共和国成立以来 80 处地质灾害隐患点中，已发生的共 18 处，分别为 7 条泥石流沟、1 处滑坡、5 条地裂缝和 5 处不稳定斜坡；灾情等级小型的 12 处、中型的 5 处、大型的 1 处，见表 3-13、表 3-14。

表 3-13　已发生地质灾害灾情评价统计表

灾害类型	灾情等级			总计	百分比/%
	大型	中型	小型		
滑坡	0	0	1	1	5.5
不稳定斜坡	1	3	1	5	27.8
泥石流	0	1	6	7	38.9
地裂缝	0	1	4	5	27.8
总计	1	5	12	18	100
百分比/%	5.5	27.8	66.7	100	—

表 3-14　西峰区已发生地质灾害损失统计表

项目	滑坡、不稳定斜坡	泥石流	地裂缝	合计
死亡人数/人	6	7	5	18
直接经济损失/万元	3 433	282	162.3	3 877.3
直接经济损失比重/%	88.56	7.26	4.18	100

地质灾害共造成 3 人死亡，直接经济损失 3 877.3 万元。其中，泥石流造成直接经济损失 282 万元，占地质灾害直接经济损失的 7.26%；地裂缝未造成人员伤亡，造成直接经济损失 162.3 万元，占地质灾害直接经济损失的 4.18%；滑坡、不稳定斜坡造成 3 人死亡，直接经济损失 3 433 万元，占地质灾害直接经济损失的 88.56%。可见，滑坡、不稳定斜坡造成的危害最大。

(1) 泥石流

泥石流是区内较为发育且危害最严重的灾害类型之一，主要对沟口道路、村庄造成危害，集中分布于蒲河东岸。泥石流的物质来源主要是沟谷中的面蚀及滑坡、崩塌等重力堆积物。据不完全统计，西峰区自中华人民共和国成立以来因泥石流造成直接经济损失达 282 万元，详见表 3-15。

表 3-15　西峰区泥石流灾情一览表

序号	名称	所涉乡镇	发生时间	直接经济损失/万元
1	DZ005	董志镇	1992.06	18
2	XJ029	肖金镇	1997.06	24
3	XJ030	肖金镇	1990.07.23	65
4	XJ032	肖金镇	1995.08.12	20

表 3-15(续)

序号	名称	所涉乡镇	发生时间	直接经济损失/万元
5	XJ033	肖金镇	1995.08.16	41
6	XS018	显胜乡	2013.07.20	11
7	XS019	显胜乡	2013.07.20	103
累计		西峰区		282

(2) 滑坡

滑坡分布在黄土梁峁区沟谷的斜坡地段,为黄土滑坡。滑坡雨季发生频率高,变形特征不明显,历时短,规模小,突发性强,易损性高。

(3) 地裂缝

区内发育黄土地裂缝,规模较小,发育在黄土塬或黄土梁表面。主要诱发因素为雨水侵蚀、雨洪冲蚀、坡体变形及人类工程活动等,主要威胁公路、农田及房屋。

3.3.2.3 现状险情

现状条件下存在险情的地质灾害隐患点共 80 处,包括滑坡 1 处、不稳定斜坡 67 处、泥石流 7 处、地裂缝 5 条。预测受地质灾害威胁的人数为 1 541 人,经济损失预评估约 1.53 亿元。地质灾害类型中,不稳定斜坡危害较严重,共威胁 928 人,占地质灾害威胁总人数的 60.2%;威胁财产 1.2 亿元,占地质灾害威胁财产总数的 78.4%(表 3-16)。区内地质灾害隐患点险情等级的特点为:以中小型为主,其次为大型;灾害种类上,大型灾害以不稳定斜坡为主,中小型灾害以滑坡和泥石流为主(表 3-17)。

表 3-16 地质灾害隐患点损失预测评估统计表

项目	受威胁人口/人	比重/%	经济损失预测评估/万元	比重/%
滑坡	16	1.1	50	0.3
不稳定斜坡	928	60.2	12 015.5	78.4
泥石流	510	33.1	2 686	17.5
地裂缝	87	5.6	586	3.8
合计	1 541	100	15 337.5	100

表 3-17 地质灾害隐患点险情评价统计表

灾害类型	险情等级			总计	百分比/%
	大型	中型	小型		
滑坡	0	1	0	1	1.25
泥石流	0	7	0	7	8.75
不稳定斜坡	2	35	30	67	83.75
地裂缝	0	1	4	5	6.25
总计	2	0	0	80	100
百分比/%	2.5	55.0	42.5	100	—

3.3.2.4 地质灾害危害方式及特征

(1) 危害方式

西峰区滑坡、不稳定斜坡、泥石流及地裂缝等地质灾害,直接危害区内城镇、村庄、重要交通干线等工程设施,严重阻碍了区内人民群众的正常生活及生产建设。

① 滑坡、不稳定斜坡灾害及危害方式

调查区为黄土梁峁与河谷地貌,降雨相对集中,修筑公路等人类工程活动较为强烈。区内滑坡、不稳定斜坡灾害较为发育,主要集中分布于黄土梁、冲沟边以及公路两侧,且以浅层黄土滑坡为主。区内滑坡、不稳定斜坡的危害方式与其他地方不同的是,人口都集中居住在坡顶黄土塬面,因此危害对象多位于坡顶处,也有部分不稳定斜坡是人为修路、建房削坡形成的,威胁坡脚的公路、房屋、耕地等。

② 泥石流灾害及危害方式

多年来,由于黄土沟壑地区开垦坡耕地,境内大片山坡地、植被遭到破坏,水土流失严重,梁边、沟谷两侧滑坡发育,大量松散堆积物为沟谷泥石流的形成提供了丰富的松散固体物质。泥石流的危害主要为:毁坏公路、阻塞交通、威胁城镇村庄、毁坏农田等。

(2) 危害特征

① 危害和威胁村寨、农田,造成人员伤亡和房屋毁坏

在蒲河河谷支沟沟口部位,地形平坦宽阔,土壤肥沃,且沟侧多发育有泉水,灌溉方便,因此沟口地带有村落集中分布,不稳定斜坡及泥石流灾害直接损害和威胁人们的安全,其中以泥石流灾害的危害最为严重,逢大暴雨,沟内频发泥石流,冲毁农田、公路,威胁村民和房屋安全。

② 冲毁公路、桥梁，阻断交通

部分公路沿河谷修筑，因此河谷成为区内地质灾害分布较为集中的地带之一，地质灾害经常毁坏公路、桥梁，阻断交通，每遇大的降雨，即有淤埋、冲毁公路的灾害发生，数千米的公路被泥石流、滑坡堆积物掩埋，使道路中断、交通瘫痪、进出两难，往往延误了救灾工作的实施，扩大了泥石流、滑坡灾害效应，公路段每年都要抽出大量人力、物力进行应急处理。

③ 毁坏农田，破坏耕地

区内的耕地主要分布于黄土塬面，少量耕地分布于蒲河、盖家川等河谷。滑坡和不稳定斜坡主要威胁坡顶耕地，且点多面广；泥石流主要威胁蒲河及盖家川等河谷中的农田，排导沟为群众自主修建，多不能满足泥石流排导要求，一旦爆发泥石流，将会冲毁农田、破坏耕地。

④ 堵塞河道，造成连带性灾害

区内许多泥石流冲出沟口，危害堆积区农田、村寨、公路等，同时堵塞河道，使河流水位抬升，回淹上游农田及其他基础设施，造成连片灾害。

3.3.3 地质灾害危害性评价

（1）评价依据

地质灾害危害性评价依据主要是滑坡和不稳定斜坡的稳定性、泥石流的易发性及其险情等级。在综合分析地质灾害演变趋势并结合地质灾害的危害程度预测，评价地质灾害的危害性。

（2）评价标准

地质灾害危害性划分为大、中、小三级，其评价标准见表3-18。

表3-18 地质灾害点危害性评价标准一览表

险情等级	预测稳定性(易发性)		
	不稳定(高易发)	基本稳定(中易发)	稳定(低易发)
特大型	大	大	大
大型	大	大	中
中型	大	中	小
小型	中	小	小

3.3.4 危害性评价结论

根据以上原则、依据和标准，对区内80处地质灾害隐患点危害性做出评价。其中，危害性大的 10 处，占地质灾害隐患点总数的 12.5%；危害性中的 43 处，占总数的 53.75%；危害性小的 27 处，占总数的 33.75%。区内地质灾害隐患点危害性属大型的主要以不稳定斜坡为主，见表 3-19。

表 3-19　地质灾害隐患点危害性评价统计表

灾害类型	危害性评估			总计	百分比/%
	大	中	小		
滑坡	0	1	0	1	1.25
泥石流	0	1	6	7	8.75
不稳定斜坡	10	40	17	67	83.75
地裂缝	0	1	4	5	6.25
总计	10	43	27	80	100
百分比/%	12.5	53.75	33.75	100	—

第4章 地质灾害形成条件及影响因素

4.1 地质灾害形成条件

4.1.1 滑坡的形成条件

4.1.1.1 滑坡形成的几何边界条件

滑坡形成的几何边界条件是指构成可能滑动岩体的各种边界面及其组合关系。几何边界条件通常包括滑动面、切割面和临空面。它们的性质及所处的位置不同,在稳定性分析中的作用也是不同的。

(1) 滑动面

滑动面一般都是斜坡岩土体中最薄弱的面,它有效地分割了滑坡体与滑坡床之间的联结,是对边坡稳定性起决定作用的一个重要的边界条件。滑动面可能是基岩侵蚀面,上覆第四纪松散沉积物作为滑坡体,沿着滑动面向下滑动;在基岩内部产生的滑坡一般是某一软弱夹层面作为滑动面,如在砂岩中的页岩夹层;有的倾角很小的断层带也可成为滑动面;在均质土层中滑动面也常常是两种岩性有差异的接触面。有的滑坡有明显的一个或几个滑动面;有的滑坡没有明显的滑动面,而是有一定厚度的软弱岩土层构成的滑动带。

(2) 切割面

切割面是指起切割岩体作用的面,分割了滑坡体与其周围岩土(母岩)之间的联结,如平面滑动的侧向切割面。由于失稳岩体不沿该面滑动,因而不起抗滑作用。因此,在稳定性系数计算时,常忽略切割面的抗滑能力,以简化计算。

滑动面与切割面的划分有时也不是绝对的,如楔形体滑动的滑动面,就兼有滑动面和切割面的双重作用,具体各种面的作用应结合实际情况做具体分析。

(3) 临空面

临空面是滑坡体滑动后的堆积场所，是滑坡体向下游滑动时能够自由滑出的面。它的存在为滑动岩体提供活动空间，临空面常由地面或开挖面组成。

滑动面、切割面、临空面是滑坡形成必备的几何边界条件。分析它们的目的是用其确定边坡中可能滑动岩体的位置、规模及形态，定性地判断边坡岩体的破坏类型及主滑方向。为了分析几何边界条件，就要对边坡岩体中结构面的组数、产状、规模及其组合关系以及这种组合关系与坡面的关系进行分析研究，初步确定作为滑动面和切割面的结构面形态、位置及可能滑动的方向。

4.1.1.2　滑坡形成的力学条件

常见的滑动面的形态有直线形、折线形、弧形等。为了说明滑坡形成的力学条件，现以圆弧形滑动面为例，进行滑坡受力状态分析。如图 4-1 所示，假设滑动面为圆弧形，圆心为 O，OD 为半径，滑体的自重 W 是使滑坡体产生滑动的力，沿滑动面 AD 弧存在着抵抗滑动的抗剪应力 τ_f。

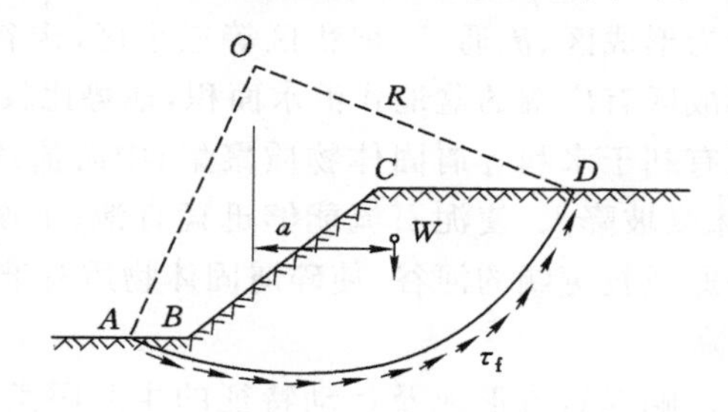

图 4-1　滑坡的受力状态

当斜坡岩土体处于极限平衡状态时，所有作用在滑动体上的力矩应处于平衡状态，所以有：

$$W \cdot a = \sum \tau_f \cdot R$$

令

$$k = \frac{抗滑力矩}{下滑力矩} = \frac{\sum \tau_f \cdot R}{W \cdot a}$$

式中，k 为稳定系数，有时也被称作安全系数。

当 $k>1$ 时，斜坡稳定；当 $k=1$ 时，斜坡处于极限平衡状态；当 $k<1$ 时，滑体下滑。

由此，可以得出滑坡产生的力学条件是：在贯通的滑动面上，总下滑力矩大于总抗滑力矩。通常,形成贯通的滑动面是一个渐进的过程。首先最危险滑动面附近的某些点的剪应力超过该点的抗剪强度,该点处发生剪切破坏,形成裂隙,随后此裂隙不断扩展,最终沿潜在的滑动面全部贯通断裂,滑坡随即发生。

4.1.2 泥石流的形成条件

泥石流的形成必须同时具备三个条件:① 流域内有丰富的、松散的固体物质;② 有陡峭便于集水、集物的适当地形;③ 短期内有突然性的大量流水的来源。

4.1.2.1 地形地貌条件

地形条件制约着泥石流的形成、运动、规模等特征,主要包括泥石流的沟谷形态、集水面积、沟坡坡度、坡向和沟床纵坡降等。

(1) 沟谷形态

典型泥石流分为形成区、流通区、堆积区等三个区,沟谷也相应具备三种不同形态。上游形成区有广阔的盆地式汇水面积,地势比较开阔,周围山高坡陡,植被生长不良,有利于水和碎屑固体物质聚集;中游流通区的地形多为狭窄陡深的峡谷,沟床纵坡降大,使泥石流能够迅猛直泄;下游堆积区的地形为开阔平坦的山前平原或较宽阔的河谷,使碎屑固体物质有堆积场所。

(2) 沟床纵坡降

沟床纵坡降是影响泥石流形成及运动特征的主要因素。一般来讲,沟床纵坡降越大,越有利于泥石流的发生,但比降在 10%～30%的发生频率最高,5%～10%和 30%～40%的其次,其余发生频率较低。

(3) 沟坡坡度

坡面地形是泥石流固体物质的主要来源地,其作用是为泥石流直接提供固体物质。沟坡坡度是影响泥石流固体物质的补给方式、数量和泥石流规模的主要因素。一般有利于提供固体物质的沟谷坡度,在我国东部中低山区为 10°～30°,固体物质的补给方式主要是滑坡和坡洪堆积土层,在西部高中山区多为 30°～70°,固体物质和补给方式主要是滑坡、崩塌和岩屑流。

(4) 集水面积

泥石流多形成在集水面积较小的沟谷,面积为 0.5～10 km^2 者最易产生,小于 0.5 km^2 和 10～50 km^2 次之,发生在汇水面积大于 50 km^2 以上者较少。

(5) 斜坡坡向

斜坡坡向对泥石流的形成、分布和活动强度也有一定影响。阳坡和阴坡相比较，阳坡具有降水量较多、冰雪消融快、植被生长茂盛、岩石风化速度快且程度高等有利条件，故一般比阴坡发育。如我国东西走向的秦岭和喜马拉雅山的南坡上产生的泥石流比北坡要多得多。

4.1.2.2　碎屑固体物源条件

某一山区能为泥石流提供固体物质的多少，与地区的地质构造、地层岩性、地震活动强度、山坡高陡程度、滑坡、崩塌等的发育程度以及人类工程活动强度等有关系。其中，地质构造和地层岩性与泥石流固体物源的丰富程度有直接关系。当山高坡陡时，斜坡岩体卸荷裂隙发育，坡脚多有坡积土层分布；地区滑坡、崩塌、倒石锥、冰川堆积等现象越发育，松散土层也就越多；人类工程活动越强烈，人工堆积的松散层也就越多，如采矿弃渣、基本建设开挖弃土、砍伐森林造成严重水土流失等。这些均可为泥石流发育提供丰富的固体物源。

4.1.2.3　水源条件

水既是泥石流的重要组成成分，又是泥石流的激发条件和搬运介质。泥石流的水源提供方式有降雨、冰雪融水和水库（堰塞湖）溃决溢水等。

（1）降雨

降雨是我国大部分泥石流形成的水源，遍及全国的 20 多个省、市、自治区，主要有云南、四川、重庆、西藏、陕西、青海、新疆、北京、河北、辽宁等。我国大部分地区降水充沛，且具有降雨集中、多暴雨和特大暴雨的特点，这对激发泥石流的形成起了重要作用。特大暴雨是促使泥石流爆发的主要动力条件。处于停歇期的泥石流沟，在特大暴雨激发下，甚至有重新复活的可能性。

（2）冰雪融水

冰雪融水是青藏高原现代冰川和季节性积雪地区泥石流形成的主要水源。特别是受海洋性气候影响的喜马拉雅山、唐古拉山和横断山等地的冰川，活动性强，年积累量和消融量大，冰川前进速度快，冰温接近融点，冰川消融后为泥石流提供充足水源。夏季冰川融水过多，涌入冰湖，造成冰湖溃决溢水而形成泥石流或水石流的现象更为常见。

（3）水库（堰塞湖）溃决溢水

当水库溃决，大量库水倾泄，而下游又存在丰富松散堆积土时，常形成泥石流或水石流。特别是由泥石流、滑坡在河谷中堆积，形成的堰塞湖溃决时，更易形成泥石流或水石流。

4.2 地质灾害影响因素

4.2.1 地形地貌对地质灾害的影响

地貌控制着地质灾害的总体布局，而适合的地形是泥石流、滑坡、不稳定斜坡形成的必要条件，所以地形地貌是地质灾害发育的重要影响因素之一。

4.2.1.1 对泥石流的影响

地形地貌是形成泥石流的内因和必要条件，它制约着泥石流的形成和运动，影响着泥石流的规模和特性。地形地貌对泥石流灾害的控制影响主要表现在主沟纵坡、山坡坡度、流域面积、相对高差等四个方面。另外，流域形态和沟壑密度对泥石流的发育也有一定的影响。下面就从这六个方面分别进行叙述。

（1）主沟纵坡

主沟纵坡是泥石流物质由势能转化为动能的底床条件，是影响泥石流形成和运动的重要因素。主沟纵坡既表现沟谷坡面侵蚀与沟道侵蚀的相互关系，又反映出泥石流沟的发育状况。当沟谷处于发展期时，沟床强烈下切且极不稳定，常具有猛冲猛淤的特点，往往在较短的时间会运移大量的固体物质，使主沟纵坡不断进行调整。当主沟纵坡变缓，沟内所提供的固体物质无力输送到沟口以下的主河谷地时，主沟纵坡处于不冲不淤的均衡剖面状态，此后泥石流活动将发生显著变化，其间歇期增长，易发性减小，直至衰亡，即由泥石流沟谷变成非泥石流沟谷。

通过对区内7条泥石流沟谷的主沟纵坡进行统计发现(表4-1)，沟谷平均主沟纵坡均小于等于200‰，其中50‰～200‰之间所占比例达71.43%，说明在此区间的沟床比降对泥石流的形成和运动最为有利。

表4-1　西峰区泥石流主沟纵坡统计表

序号	沟床比降/‰	泥石流数量/条	所占比例/%	泥石流类型			易发程度		
				泥石流	泥流	水石流	高易发	中易发	低易发
1	<50	2	28.57	0	2	0	0	2	0
2	50～100	3	42.86	0	3	0	0	3	0
3	100～200	2	28.57	0	2	0	0	2	0
合计		7	100	0	7	0	0	7	0

对沟道松散固体物质来说，主沟纵坡为它提供了一定的势能，比降越大，松散固体物质越不稳定，但这并非代表泥石流的易发性越强。因为，泥石流的形成不仅要求一定的势能和松散物质的不稳定，同时也需要一定的物质储集过程。若沟床比降大于松散物质的休止角，坡面入沟松散物质难以积累，不会形成泥石流；若沟床比降小于沟谷侵蚀下限，沟内松散物质处于稳定状态，也不会形成泥石流。因此，形成泥石流的沟床比降存在一个上下界限值和适宜范围，其下限为泥石流的休止角，上限取松散物质的休止角，它因固体物质的性质不同而异，最有利于泥石流形成的沟床比降应在松散物质饱水后的休止角附近，饱水休止角也随物质性质而异。

由表 4-1 统计结果可以看出，西峰区泥石流沟谷沟床比降集中在 50‰～200‰之间，共发育泥石流沟 7 条，占总数的 71.43%，均为中易发泥石流，说明在这个比降范围内的泥石流活动比较频繁。据此可以大致认为，西峰区泥石流发育的沟床比降上下界限值分别为 200‰和 50‰。

(2) 沟坡坡度

沟坡坡度对泥石流沟谷的影响主要表现在以下两个方面：① 流域两侧沟坡的陡缓直接影响泥石流的规模和固体物质的补给方式与数量；② 流域的沟坡坡度越大，坡面流速和沟道汇流速度越快，降雨形成洪峰所需的时间越短，从而使泥石流具备成灾的水动力条件。通过对区内泥石流沟谷的沟坡坡度统计发现(表 4-2)，区内发育的泥石流沟坡坡度均在 25°～40°，共发育 7 条。

表 4-2　西峰区泥石流沟坡坡度统计表

序号	沟坡坡度/(°)	泥石流数量/条	所占比例/%	泥石流类型			易发程度		
				泥石流	泥流	水石流	高易发	中易发	低易发
1	25～30	5	71.43	0	5	0	0	5	0
2	30～40	2	28.57	0	2	0	0	2	0
合计		7	100	0	7	0	0	7	0

结合野外调查情况分析，本区泥石流以泥流为主，最有利于提供泥石流固体物质的沟坡坡度在 25°～40°之间，固体物质补给方式主要以沟蚀、面蚀和滑坡为主。

(3) 流域面积

泥石流大多形成于流域面积较小的沟谷，一般来说较小的集水区面积易于泥石流的形成和活动，西峰区内发育的泥石流也反映了这一规律。经统计

(表 4-3),区内泥石流的流域面积在 0.05～10 km^2 之间,易发程度均为中易发。

表 4-3　西峰区泥石流流域面积统计表

序号	流域面积/km^2	泥石流数量/条	所占比例/%	易发程度		
				高易发	中易发	低易发
1	<1	1	14.29	0	1	0
2	1～5	2	28.57	0	2	0
3	5～10	4	57.14	0	4	0
合计		7	100	0	7	0

根据统计数据可以得出这样一个结论:当泥石流流域面积达到一定峰值后,其易发性随着流域面积增大而不断减弱。这主要是由于随着流域面积的增大,流域的不均匀性增加,流域内松散固体补给物质分散,沟谷宽度增大,比降减小,沟道长度增大,支沟发育,各支沟出口处的沟道汇流产生不同程度的干扰作用,对泥石流的活动起到一定的限制。随着流域面积的不断增大,泥石流活动趋于衰弱,当流域面积达到某一临界值时,泥石流沟谷就发展演变为一般的洪水沟谷。同样泥石流沟谷流域面积也存在一个下限值,即泥石流不具备固体物质累计条件的最小流域面积。考虑到泥石流沟谷流域面积的临界值受到地质构造、地层岩性、气候、水文、植被等多方面因素的影响限制,因此,只能根据调查结果大致确定西峰区内沟谷型泥石流发育的流域面积上下界限值分别为 10 km^2 和 0.05 km^2。

(4) 相对高差

相对高差主要体现泥石流流域的地形起伏程度和切割侵蚀强度,也侧面体现了区内沟谷的发育程度。西峰区发育的 7 条泥石流沟均为董志塬面,沟口均为蒲河河谷,塬面和河谷地形平坦,因此区内泥石流沟相对高差变化不大,集中发育在相对高差 200～300 m 的区间内(表 4-4)。以上统计同时反映了西峰区地形起伏较大的特征。

表 4-4　西峰区泥石流相对高差统计表

序号	相对高差/m	泥石流数量/条	所占比例/%	易发程度		
				高易发	中易发	低易发
1	<200	1	14.29	0	1	0
2	200～300	4	57.14	0	4	0
3	300～400	2	28.57	0	2	0
合计		7	100	0	7	0

对本区而言，区内泥石流沟谷多处于发展期，侵蚀强度相对较高，在沟谷不断下切侵蚀及其他作用综合影响下易引发两侧沟坡失稳发生滑坡等不良地质现象，从而转化为松散固体物质补给泥石流，且相对高差又直接影响流域的沟床比降，因此二者有着显著关联。总体而言，泥石流的易发性是随着相对高差的增加而增加的；但对于流域面积很大的泥石流沟谷来讲，虽然流域高差很大，同时沟道长度亦很长，但相应的沟床比降却很小，故泥石流的易发性降低。

(5) 流域形态

泥石流沟谷因泥石流类型和发育阶段不同而具有多种形态，其中“树叶状”是工作区内最为典型的泥石流沟谷形态。据统计(表 4-5)，区内平面形态为树叶状的泥石流沟谷共发育有 4 条，占泥石流总数的 57.14%。其原因是这种流域形态最利于水流的汇集，各支流径流几乎同时到达主沟，而主沟一般相对较短，调蓄功能较弱，易形成大的径流量，对于泥石流的形成和活动均较为有利。长条状、漏斗状、勺状及其他状水系则由于各支沟洪水在主沟的不同区段分别汇入主沟，并且向主沟流动时又经沟道较长距离的调蓄作用，形成的径流量相对较小，对泥石流的形成相对不利。

表 4-5　西峰区泥石流流域形态统计表

流域形态	总计	所占比例/%	泥石流类型			易发程度		
			泥石流	泥流	水石流	高易发	中易发	低易发
长条状	3	42.86	0	3	0	0	3	0
树叶状	4	57.14	0	4	0	0	4	0
合计	7	100	0	7	0	0	7	0

(6) 沟壑密度

流域中干支流总长度和流域面积之比称为沟壑密度，是描述地形切割破碎程度的一个重要指标，沟壑密度越大，地形就越破碎，从而必然起伏不平，斜坡发育。这样一方面使地表物质稳定性降低，另一方面易形成地表径流。沟壑密度越大，地面径流和冲蚀侵蚀越强烈，沟蚀切割发展越快。因此，沟壑密度是有统计意义的地学属性描述参数，它是反映当地气候、地质、地形地貌的一个基本指标，是地形发育阶段和地表抗蚀能力的重要特征值，对地质灾害的发育有较为重要的影响作用。

由表 4-6 可以看出，区内沟壑密度集中分布在小于 1 km/km^2 区间内，由于该区间沟壑密集，地形较为破碎，水土流失严重，具备泥石流灾害形成条件，区内泥石流沟也大多发育在该区间，且呈现出易发程度随沟壑密度增大而增加的趋势。

表 4-6　西峰区泥石流沟壑密度统计表

序号	沟壑密度/(km/km²)	泥石流数量/条	所占比例/%	泥石流类型			易发程度		
				泥石流	泥流	水石流	高易发	中易发	低易发
1	<1	4	57.14	0	4	0	0	4	0
2	1～2	2	28.57	0	2	0	0	2	0
3	2～3	1	14.29	0	1	0	0	1	0
合计		7	100	0	7	0	0	7	0

4.2.1.2　对滑坡、不稳定斜坡的影响

(1) 坡型

区内斜坡形态可以划分为四个基本类型：凸形、阶梯形、直线形和凹形。对西峰区 68 处滑坡、不稳定斜坡进行统计分析(表 4-7)，区内发育直线形不稳定斜坡最多，共计 26 处，共占不稳定斜坡总数的 38.81%；凸形、凹形及阶梯形不稳定斜坡分别为 7 处、21 处和 13 处，分别占不稳定斜坡总数的 10.45%、31.34%和 19.4%。

表 4-7　西峰区斜坡灾害统计表

序号	坡面形态	灾体数量	所占比例/%	灾害类型	
				滑坡	不稳定斜坡
1	凸形	7	10.29	0	7
2	凹形	22	32.35	1	21
3	直线形	26	38.24	0	26
4	阶梯形	13	19.12	0	13
5	合计	68	100	1	67

据调查统计分析，滑坡及不稳定斜坡成群出现的地带多分布于天然坡度较大的地区，这里沟谷多呈 V 形，相对切割深度大，斜坡高、陡，临空条件好；从形态上看，斜坡中部多呈凸形，坡脚处又多无原生土体支撑。稳定的斜坡多分布在开阔的 U 形沟谷两侧和丘陵斜坡上，其天然坡度一般小于 30°，斜坡形态多呈直线形或凹形，有时这种斜坡即使高差和坡度较大，但由于坡体内无地

下水活动，也表现为较稳定。

(2) 坡度

调查区内 67 处不稳定斜坡中，2 处发生于缓坡，占调查不稳定斜坡总数的 2.99%；有 34 处不稳定斜坡发生在陡坡，占调查不稳定斜坡总数的 50.75%；有 31 处不稳定斜坡发生于陡崖，占调查不稳定斜坡总数的 46.27%。

根据调查区 1∶5 万 DEM 提取的坡度数据，对各个坡度区间在区内出现的频率进行统计，然后按照坡度区间内的各类型灾害点数量，求出各个坡度区间发生不同类型灾害的统计概率(表 4-8)。

表 4-8　不同坡度区间灾害发生概率统计表

序号	坡度区间	各坡度斜坡比率/%	不稳定斜坡		滑坡	
			个数	比率/%	个数	比率/%
1	0°～20°	0	0	0	0	0
2	20°～30°	2.94	0	0	2	2.99
3	30°～40°	8.82	0	0	6	8.96
4	40°～50°	19.12	0	0	13	19.40
5	50°～60°	23.53	1	100	15	22.39
6	60°～70°	17.65	0	0	12	17.91
7	70°～80°	17.65	0	0	12	17.91
8	80°～90°	10.29	0	0	7	10.45
合计		100	1	100	67	100

(3) 坡高

以 1∶5 万 DEM 数据为基础，以 1 km×1 km 范围内即 40×40 的 DEM 栅格中进行邻域分析提取坡高数据，以 50 m 为步长，对各坡高区间的斜坡比例进行统计，按照各坡高区间内滑坡点数量，求出不同坡度区间发生滑坡的比率(表 4-9)，可以看出区内滑坡和不稳定斜坡多发生在人类工程活动强烈地带，形成的斜坡一般来说都是人工边坡，高度多在 50 m 以下，共占到斜坡总数的 80.59%。造成这种现象的原因是斜坡高差越大，历经长期风化已趋于稳定；斜坡高差较低时易受到水流冲蚀以及人类工程活动的影响，多形成陡坡，发生不稳定斜坡的概率较高。

表 4-9　不同坡高区间灾害发生概率统计表

序号	坡高区间/m	各坡高斜坡比率/%	滑坡		不稳定斜坡	
			个数	比率/%	个数	比率/%
1	＜20	42.65	0	0	29	43.28
2	20～50	36.76	0	0	25	37.31
3	50～100	16.18	1	100	10	14.93
4	100～200	4.41	0	0	3	4.48
5	＞200	0	0	0	0	0
合计		100	1	100	67	100

(4) 坡向

经由 DEM 数据提取统计各个单元格的坡向，可以看出区内地形破碎、沟壑纵横，坡向分布基本均匀。从地质灾害发育的情况来看，正东和正西的坡向所占比例较高，分别达 22.06%和 26.47%(表 4-10)。

表 4-10　不同坡向区间灾点发生概率统计表

序号	坡向区间	各坡向斜坡比率/%	滑坡		不稳定斜坡	
			个数	比率/%	个数	比率/%
1	北(337.5°～22.5°)	11.76	0	0	8	11.94
2	东北(22.5°～67.5°)	2.94	0	0	2	2.99
3	东(67.5°～112.5°)	22.06	0	0	15	22.39
4	东南(112.5°～157.5°)	4.41	0	0	3	4.48
5	南(157.5°～202.5°)	10.29	0	0	7	10.45
6	西南(202.5°～247.5°)	13.24	0	0	9	13.43
7	西(247.5°～292.5°)	26.47	0	0	18	26.87
8	西北(292.5°～337.5°)	8.82	1	100	5	7.46
合计		100	1	100	67	100

4.2.2　地质构造对地质灾害的影响

西峰区及周边地质构造不发育，亦无活动性断裂发育，且地表覆盖大厚度第四系沉积物，因此区域地质构造对地质灾害的发育及分布影响甚微。

该区特别是第四纪以来，构造运动以振荡性上升运动为主，流水的侵蚀作用加剧，沟谷深切，残塬缩小，河谷Ⅱ级以上阶地成为基座阶地，形成了地形破碎、沟壑纵横的地貌形态，而其地质灾害基本都发育于冲沟或残塬边缘，总体呈线状分布，新构造运动对该区地质灾害的发育和分布有一定的影响。

西峰区周边地震烈度大于等于 6 度的地震区主要分布于环县、庆城县、镇原县、宁县一带。由于区内大面积发育上更新统马兰黄土，其对地震的反应较为灵敏，地震往往会诱发滑坡。强烈地震除了可直接诱发崩塌外，还经常能使岩体产生大量裂隙，这些裂隙在后期物理、化学、生物等风化作用下逐渐发展增大，形成地裂缝，遇降雨、地震等不利环境，在静水、动水压力或附加外力作用下，最终形成大型滑坡，地震、强降雨发生时滑坡集中发生也证明了这一点。

4.2.3 岩土体类型对地质灾害的影响

地层岩性是泥石流、滑坡、不稳定斜坡、地裂缝等地质灾害发生、发展的重要内因和物质基础。不同类型的岩土体具有不同的物理力学性质，组成的斜坡具有不同的稳定性，可见地层岩性对泥石流、滑坡、不稳定斜坡、崩塌的发育有着明显的控制作用。

4.2.3.1 对泥石流的影响

调查发现，地层岩性对泥石流发育类型及易发程度的影响非常明显，体现在以下两个方面：

(1) 对泥石流类型的影响

本区泥石流按物质组成均属泥流。据调查统计，西峰区泥流分布在区内西部的黄土梁、峁、沟壑区，植被覆盖率不足 10%，主要包括董志、肖金、显胜等三个乡镇，面积 1 455.7 km^2，占总面积的 60.5%，海拔在 1 220～1 500 m 之间，相对高差 200～300 m，地形坡度在 15°～40°之间。区内上部覆盖有上更新统马兰黄土、中更新统离石黄土及下更新统午城黄土等，黄土地层厚一般为 190～250 m；下伏地层岩性为白垩系下统的砂岩、泥质砂岩、泥岩，厚约 20 m，沟底基岩节理裂隙较为发育，泥岩抗风化能力弱，砂岩抗风化能力相对较强，砂泥岩呈差异风化。区内地层岩性特征决定了整个区域松散堆积物中块石、碎石含量很少，以细颗粒的泥沙为主，受泥石流松散固体物质成分的制约，区内发育的泥石流类型主要为泥流。

(2) 对泥石流易发程度的影响

本区泥石流易发区分布的地层岩性主要有第四系松散堆积物、黄土及白垩系砂岩、泥质砂岩、泥岩。

泥石流沟脑及沟岸斜坡上大面积分布着黄土，地貌类型为黄土梁、峁、沟壑区，区内黄土结构较松散，孔隙发育，遇水易软化。黄土覆盖区发育密集的冲沟说明它的易冲性，黄土区各支沟向源侵蚀十分迅速。黄土的这些不稳定性为泥石流发育提供了大量的松散固体物质。从补给方式看，面状侵蚀、重力堆积、沟道再搬运等各种方式的补给非常活跃，泥石流类型主要为泥流，以中易发为主。

对西峰区泥石流沟的调查发现，泥石流固体物质主要来源于面蚀、沟岸崩滑及沟道再搬运三种途径。按照泥石流的综合评分结果，中易发泥石流 6 条，占 85.7%；低易发泥石流 1 条，占 14.3%，充分说明了西峰区泥石流的严重程度。从分区看，中部黄土丘陵区泥石流沟主要为中易发，南部、东北部基岩山区泥石流沟以中、低易发为主。西峰区泥石流沟的高易发性为灾害的防治增加了难度。

4.2.3.2　对不稳定斜坡的影响

易滑、易崩岩土体是指那些强度低、遇水易软化，由其组成的斜坡稳定性差而容易发生滑坡的岩土体，如黄土、泥岩、砂质泥岩等。经对大量滑坡形成地质环境背景的调查分析，结合前人研究成果，认为本区与滑坡活动关系密切的易滑岩土体主要是第四系黄土体。

从调查结果看，区内共发育土质斜坡 66 处，占滑坡总数的 97.0%，分布于黄土塬冲沟边缘，包括彭原乡、董志镇、肖金镇、显胜乡等乡镇。滑体为第四系上更新统马兰黄土，呈黄色，质地均匀，结构疏松，孔隙发育，具垂直节理，有较强的湿陷性。

黄土的特殊物理力学性质为滑坡的发育提供了基本条件，疏松、不稳定的结构决定了其内聚力较低，以粉粒、黏粒为主的均匀细粒成分使黄土内摩擦角较小，易软化的性质使其遇水后强度迅速变低，而且当含水量接近饱和时在蠕滑、振动作用下产生液化的可能性较大。黄土中的各类孔隙、发育的垂直节理和落水洞使其结构的完整性遭到强烈破坏，且为水体入渗提供了良好的通道。黄土的崩解性很强，易被水流侵蚀切割，形成良好的临空条件。因此，由黄土地层构成的斜坡，在地震、降水、河流侵蚀等不利外部因素的作用下，容易发生黄土滑坡。

4.2.4　水对地质灾害的影响

4.2.4.1　降雨对地质灾害的影响

研究表明，强暴雨很容易引发地质灾害，其中长时间暴雨(24 h)引发率最高，其次是1 h的强暴雨，而10～30 min极短时间的强暴雨引发比例也比较高。

(1) 降雨对泥石流的影响

泥石流形成是地质、地貌、气候(水文气象)诸因素综合作用的结果，几种因素相互关联。降水是现代地形地貌形成的主要影响因素之一。地表水的冲蚀直接影响着滑坡、不稳定斜坡的分布，决定了沟道松散固体物质的多少，可见降雨对泥石流的影响不仅仅是提供水源，而是全方位的，泥石流形成的地形条件和松散固体物质储量条件都与降雨过程密不可分。地形地貌的形成是地质构造与降水共同作用的结果，是长期复杂的自然地质现象，是山川演化的必然过程，降水在这一过程中发挥的作用相当复杂，对泥石流的影响最终要归到地形地貌对泥石流的控制上。

降雨是泥石流形成的三大条件之一，是泥石流形成的水动力来源，也是区内泥石流发生的唯一水动力来源。区内泥石流均属暴雨型，短时间大强度降雨是泥石流形成的主要因素，但由于流域面积不同，松散固体物质类型、特征及补给方式不同，形成泥石流灾害的降雨强度也不同。区内引发坡面型泥石流的降雨强度较低，据本次调查并结合西峰区气象局研究资料表明，降雨量达25 mm/h即可诱发斜坡泥石流灾害。据西峰区气象资料，最大降水量为50.7 mm/h，远超过成灾临界值，可见完全具备了泥石流形成的雨强条件。

滑坡、不稳定斜坡、错落、溜滑、残积物、坡积物、洪积物、冲积物、黄土所有这些补给泥石流的松散固体物质，从分布状况到补给方式都与降雨密切相关。其中，作为泥石流松散固体物质主要来源的滑坡、不稳定斜坡等重力堆积物的稳定性受降雨影响非常大，特别是一些小型滑坡、不稳定斜坡和坍滑体的形成受控于降雨。通常情况下，一次强降雨过程往往会诱发很多滑坡、不稳定斜坡，直接滑落于沟道成为泥石流固体补充物，而降雨形成的地表水不仅通过面蚀带走大量泥沙，还能在沟道流通中侧蚀沟岸、挖蚀沟床来补给泥石流。

(2) 降雨对滑坡、不稳定斜坡的影响

① 降雨诱发滑坡、不稳定斜坡

经过实地调查，连阴雨对区内滑坡、不稳定斜坡的作用较大，可直接诱发滑坡、不稳定斜坡的形成。降雨不断渗入坡体，使坡体含水量增加，甚至达到饱和状态，使岩土体自身重力及静水、动水压力增加，所夹的软弱岩体软化、泥化，抗剪强度降低，导致滑坡发生。调查区内由于山高坡陡，即使老滑坡堆积坡度一般也多在30°以上，且地形破碎、冲沟发育，暴雨增加了对坡面及坡体物质的冲刷强度，同时引发洪水对坡脚物质冲刷、掏蚀，但坡体内降雨入渗量较小。高强度降雨是滑坡稳定性重要影响因素之一，但直接诱发滑坡的较少。

② 降雨控制滑坡、不稳定斜坡的时空分布

降雨在时间上的集中性决定了区内滑坡、不稳定斜坡发生时间上的集中性。区内降水分配很不均匀，降水量主要集中在5—8月。经调查发现，西峰区降雨诱发的滑坡、不稳定斜坡也多集中在这一时段，该时段成为降雨诱发滑坡、不稳定斜坡灾害的多发期。

降雨量的空间变化对滑坡、不稳定斜坡的分布有着一定的控制，这在区域上表现得非常明显，区内降水量自西南部向东北部逐渐减小，滑坡、不稳定斜坡数量也在不断减少，但降水量的变化对不稳定斜坡空间分布的控制作用不十分明显。

③ 地表径流和河流作用

区内地表水对滑坡、不稳定斜坡的影响作用主要表现在对坡体的侧蚀作用，对一些较小规模支沟内的滑坡影响尤为突出。由于支沟沟道变窄，滑坡堆积体直接压迫沟道，阻碍水流，沟谷常年性地表水及降雨引发的短暂洪流直接侧蚀、冲刷坡脚，滑坡前缘物质被不断带走，引发后部坡体失稳。此外，滑坡内部冲沟发育、地形破碎，降雨引发的地表水流不断切蚀，造成沟坡两侧坡体失稳，不断向冲沟内滑移。

通过对区内地质环境背景研究和地质灾害的调查认为，渭河北岸大咸河、妙娥沟、揭皮沟河(沟)谷一带发生的滑坡、不稳定斜坡应为间断性流水侵蚀河岸使得岸坡坡度变陡，后来在震动、暴雨等外力的作用下发生地质灾害。

4.2.4.2 地下水活动对地质灾害的影响

区内大片区域为黄土覆盖，植被少，水土流失严重，地下水匮乏。由于黄土节理裂隙发育，在斜坡地带，在原生节理和构造节理的基础上发育了密集的风化、卸荷裂隙，甚至演化为黄土陷穴、落水洞。在暴雨过程中，降水汇集，沿节理、裂隙、陷穴、落水洞等通道快速下渗，在基岩之上形成局部上层滞水，甚至潜水。地下水活动通过对岩土体物理和水化学的相互作用，改变其结构而影响岩土体的力学性能，降低黄土强度，改变坡体的应力状态，常常触发斜坡变形失稳。据研究，当黄土含水量小于18%时，黄土力学强度较高，坡体在直立的状态下也可保持稳定；但如果大于20%，则强度降低很快，坡体稳定性亦变差。所以，地下水活动对斜坡变形失稳的影响作用十分明显。

4.2.4.3 地下水与岩土体的相互作用

地下水是一种重要的地质营力，它对岩土体的作用主要表现在三个方面，即物理的、化学的和力学的作用。

(1) 地下水对岩土体产生的物理作用

① 润滑作用

处于岩土体中的地下水,在岩土体的不连续面边界(如未固结的沉积物及土壤的颗粒表面或坚硬岩石中的裂隙面、节理面和断层面等结构面)上产生润滑作用,使不连续面上的摩阻力减小和作用在不连续面上的剪应力效应增强,结果沿不连续面诱发岩土体的剪切运动。这个过程在斜坡受降水入渗使得地下水位上升到滑动面以上时尤其显著。地下水对岩土体产生的润滑作用反映在力学上,就是使岩土体的摩擦角减小。

② 软化和泥化作用

地下水对岩土体的软化和泥化作用主要表现在对土体和岩体结构面中充填物物理性状的改变上,土体和岩体结构面中充填物随含水量的变化,发生由固态向塑态甚至液态的软化和泥化效应。一般在断层带、裂隙面易发生泥化现象。软化和泥化作用使岩土体的力学性能降低,内聚力和摩擦角减小。

(2) 地下水对岩土体产生的化学作用

主要体现为地下水与岩土体之间的离子交换、溶解作用(黄土湿陷及岩溶)、溶蚀作用、水化作用(膨胀岩的膨胀)、水解作用、氧化还原作用、沉淀作用以及渗透作用等。

(3) 地下水对岩土体产生的力学作用

主要通过孔隙静水压力和孔隙动水压力对岩土体的力学性质施加影响。前者减小岩土体的有效应力而降低岩土体的强度,在裂隙岩体中的孔隙静水压力可使裂隙产生扩容变形;后者对岩土体产生切向的推力以降低岩土体的抗剪强度。地下水在松散土体、松散破碎岩体及软弱夹层中运动时对土颗粒施加一动水压力,在孔隙动水压力的作用下可使岩土体中的细颗粒物质产生移动,甚至被带出岩土体之外,产生潜蚀现象从而使岩土体破坏,这就是管涌现象。在岩体裂隙或断层中的地下水对裂隙壁施加两种力:一种是垂直于裂隙壁的孔隙静水压力(面力),该力使裂隙产生垂向变形;另一种是平行于裂隙壁的孔隙动水压力(面力),该力使裂隙产生切向变形。

岩土体作为地下水渗流的介质,其孔隙结构控制和限定地下水的活动场所和运行途径,从而控制着地下水的补给、径流和排泄条件。岩土体中地应力的改变(因地质构造作用和人类工程作用等)引起岩土体结构的变化,从而影响岩土体的渗流特性(改变了岩土体的渗透性、渗流边界条件以及渗透压力)。岩土体中温度场的改变也引起地下水流速和渗透压力的改变。

地下水与岩土体同处于地质环境之中,在时间和空间域内发生相互的改造作用，使地质环境经受着不断的调节和变化。当这种调节作用处于极限状态时，地质灾害将会发生。

4.2.4.4 地下水对地质灾害发育的影响

地下水作为地质环境中最为活跃的成分，对岩土体力学性质的影响作用不可忽视，主要有三个方面：一是地下水通过物理的、化学的作用改变岩土体的结构，从而改变岩土体的 C、φ 值；二是地下水通过孔隙静水压力作用影响岩体中的有效应力而降低岩土体的强度；三是地下水通过孔隙动水压力的作用对岩土体施加一个推力，即在岩土体中产生一个剪应力，从而降低岩土体的抗剪强度。

本区较为典型的滑坡类型之一的黄土接触面滑坡受地下水影响较为明显，因各类土体及早期滑坡堆积物质地疏松、渗透性较强，下部又多为相对隔水的泥岩，在干燥的内陆气候条件下逐渐塑造而形成高陡的斜坡地貌，当遇到强度较大或连续降雨过程时，降水下渗，有的甚至直接从坡面上发育的落水洞中灌入坡体深部而转化为潜水，造成土体、泥岩软化，强度大大降低，特别是在黄土-泥岩接触面形成塑流状软化带，导致斜坡稳定性降低而发生滑坡灾害。

地下水对泥石流的影响较为间接，主要通过对形成区斜坡稳定性产生影响，进而控制松散固体物质补给量来产生作用。因本区地下水相对贫乏，因此这种影响十分有限。

4.2.5 植被对地质灾害的影响

植被对泥石流的影响主要表现在以下三个方面：① 森林通过林冠截留降雨，枯枝落叶层吸收降雨和雨水在林区土壤中的入渗来消减、降低雨量和雨强，从而影响和拦截地表径流量。根据本区实际情况结合已有研究成果综合分析发现：林冠层截留降雨的作用与植被密度、树种、林型密切相关，低雨量时波动大，高雨量时达到定值，一般截留量可以达 13～17 mm。② 森林植被增大地表粗糙度，减缓地表径流速度，增加其下渗水量，从而延长了地表产流与汇流时间。③ 森林植被阻挡了雨滴对地表土壤的冲蚀，同时植物根系能够在一定程度上稳固表层土体，减少了流域的水土流失。总而言之，植被对泥石流的发育有着极强的抑制作用。

植被对滑坡、不稳定斜坡等灾害的影响是非常复杂的，同时具有正反两方面的作用。一方面，植被层通过对降雨的截留作用和土壤层的入渗使得能够润湿滑面的有效入渗量大大减少，从而减少孔隙水压力，消减降雨对斜坡稳定性的不利影响。另一方面，由于滑坡区域植被的根部并未深至滑动面以下，因此上部的植被覆盖无异于增加了滑体重量，对滑坡稳定产生了不利的影响。同时，由于工作区内土体中垂向节理较为发育，植物根系一定程度上加剧了表层土体的裂隙发育程度，易使降水沿此裂隙下渗，通过降水的潜蚀作用进一步使裂隙发育加剧，使得降水具备湿润滑面的快速通道条件，这也是区内降雨型滑坡的主要形成机理。

综合分析工作区内不稳定斜坡、泥石流等地质灾害点的类型及分布情况与区内植被分布关系，可以发现区内地质灾害点主要分布于植被覆盖率小于10%的黄土残塬梁、峁、沟壑区，而在植被覆盖率大于15%的中部黄土塬灾害点分布较少，可见区内地质灾害点随植被覆盖率增大而减少，且呈正相关。但区内植被覆盖率较高的地区并不代表不发生地质灾害，在同等地质环境条件下，植被覆盖率越低则地质灾害越易发生，但当降水强度达到一定临界程度时，植被覆盖对滑坡灾害的影响则并不明显，甚至会起一定的反作用。

4.2.6　人类活动对地质灾害的影响

人类活动对地质环境的破坏作用是显而易见的，随着社会的发展，人口及人类活动空间、方式和强度都在不断增加，一些不合理的经济活动直接或间接地诱发地质灾害的发生。

西峰区产业结构以农业生产为主，人口分布不均，人类工程经济活动强度存在地域性差异，对地质环境破坏也表现出与农业生产和工程建设密切相关的特征。人类活动强度对自然环境的干扰也越来越强烈，致使人类活动集中区自然环境条件的恶化。滑坡、不稳定斜坡和泥石流等灾害也随之加剧，说明不合理的人类工程经济活动有诱发和加剧地质灾害发育的作用。调查区内主要的人类工程活动对不稳定斜坡和泥石流等地质灾害的影响表现最为突出的是开垦土地、破坏植被和工程建设。

植被状况除了受降水量控制外，还和人类活动关系密切。中华人民共和国成立后的几十年里，由于人口的不断增长，土地资源日趋紧张，对于以农业种植为主要收入来源的农村，只能靠进一步开垦耕地维持生计，虽然一时解决了部分农民的吃饭问题，但同时也带来了一系列的环境问题，水土流失日益严重。另外，伐木取薪也是造成区内植被锐减的重要原因。耕地的增加和植被的减少直接导致土壤涵养水分能力的降低，可成为补给泥石流松散固体物质的来源，为泥石流的形成创造了有利条件。

工作区内引发、加剧地质灾害的工程活动主要表现为开挖坡体、筑路修房方面，开挖坡脚、切坡削方、炸山开路，松动沟坡岩土体，形成高陡边坡，加剧或引发不稳定斜坡、滑坡等地质灾害。此外受地形条件的限制，加之人口不断增加，当地居民居住地域狭窄，建房用地紧张，许多居民逼于无奈选择开挖斜坡及坡脚修建房屋，增大了斜坡临空面，破坏了斜坡稳定性，为不稳定斜坡、滑坡的形成及成灾创造了条件。据地质灾害调查结果，区内 80%以上的灾害均与人类工程建设有关。

第 5 章　典型地质灾害案例分析

通过选取 1 处滑坡(庆阳市西峰区火巷沟滑坡)、1 处不稳定斜坡(肖金镇双桐村不稳定斜坡)、1 条泥石流(显胜乡大沟泥石流)、1 条地裂缝,对灾害点发育的地质环境条件特征、致灾体发育特征、稳定性(易发性)、危害情况等进行详细勘查,并进行定性和半定量分析,力求以点带面,对西峰区的地质灾害发育特征、形成条件进行论述,为全区易发性分区和危险性分区提供工程地质类比依据。

5.1　滑坡

5.1.1　滑坡特征

此次调查中,火巷沟滑坡已发生,但为了说明黄土滑坡的典型特征,特选取火巷沟滑坡作为案例进行分析。火巷沟滑坡位于西峰区西街火巷村南北路东侧,地处马莲河右岸一级支流——盖家川上游火巷沟沟脑斜坡地带。属黄土残塬地貌,海拔 1 252～1 406 m,总的地势东高西低。滑坡顶部为黄土塬,海拔 1 404～1 406 m,平坦开阔,由东向西缓倾,倾角小于 1°,上部覆盖大厚度黄土。受火巷沟的切割,东南部形成南东-北西向展布的塬边沟壑,塬面与沟床(沟底)高差在 100～150 m 之间,沟谷呈 U 形,两岸岸坡陡峭。其中,左岸受滑坡的影响,上部坡度 45°～65°,下部坡度 20°～30°,右岸坡面较为平直,坡度 30°～40°,沟道宽 30～50 m。调查期间,斜坡体变形迹象明显,主要表现为台缘一带裂缝发育,拉张裂缝沿斜坡边缘呈弧形展布,坡顶落水洞多呈串珠状分布,底部贯通。坡面小型滑坡发育,零乱分布于斜坡坡面之上,均位于火巷沟左岸(图 5-1)。滑坡中心地理坐标:107°39′02.89″E、35°44′36.96″N。

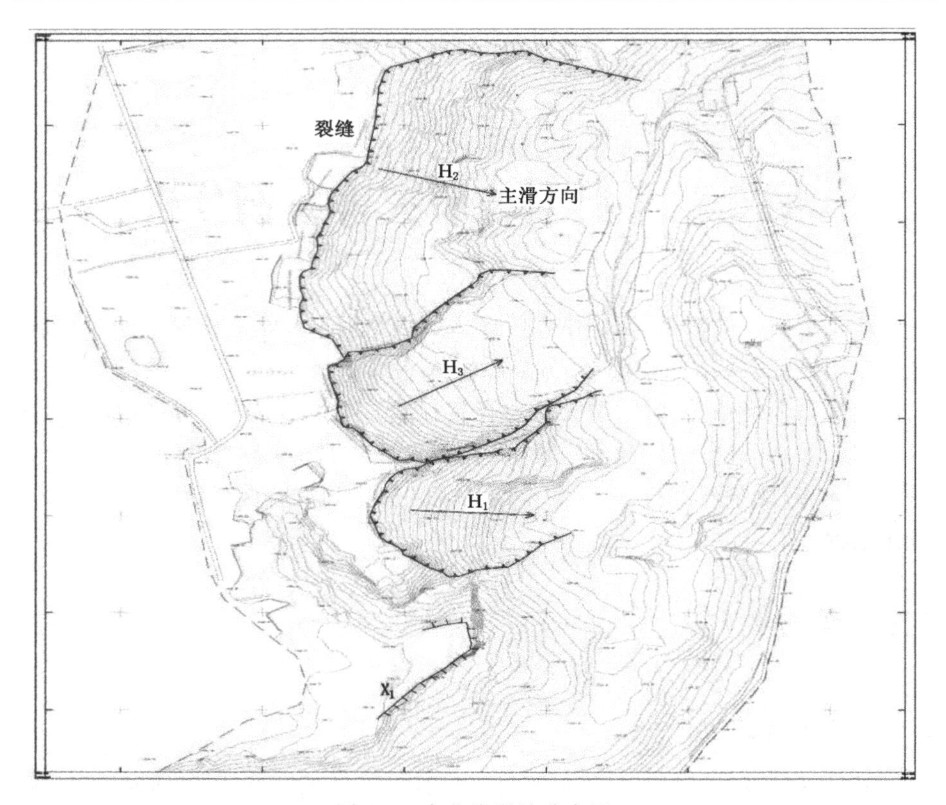

图 5-1　火巷沟滑坡分布图

5.1.2　滑坡形成条件分析

5.1.2.1　地层岩性

火巷沟滑坡地层较简单，主要为第四系，从下更新统至全新统均有不同程度出露，其成因类型有风积、洪积两种。

下更新统午城黄土(Q_1^{eol})：广泛分布于勘查区，出露于火巷沟沟道两岸底部，下伏于离石黄土，为淡褐红-棕红色石质黄土，夹有钙质结核层，岩性为粉质黏土，出露厚度 30～40 m。

中更新统离石黄土(Q_2^{eol})：广泛分布于勘查区，出露于火巷沟沟道两岸中部，下伏于马兰黄土，下部以棕黄、浅棕黄色粉质黏土为主，夹结核层；上部淡灰黄色粉土、粉质黏土夹棕红色古土壤层(四层)及钙质结核，垂直节理发育。本次钻孔揭露厚度在 80～85 m 之间。

上更新统马兰黄土(Q_3^{eol})：分布于勘查区滑坡顶部，呈黄褐色，岩性为粉土，质地均匀，结构疏松，垂直节理发育，具湿陷性。本次钻孔揭露厚度在 8～11 m 之间。

坡积物(Q_4^{dl})：主要分布于火巷沟沟谷两侧底部，组成物以粉质黏土、粉土为主，厚度变化较大，一般为 1～6 m 不等，覆于老地层之上。

全新滑坡堆积(Q_4^{del})：分布于坡面及火巷沟沟道，混合堆积，成分以粉土、粉质黏土为主，结构松散，层厚 15～20 m。

全新统填土(Q_4^{ml})：分布于火巷沟上游沟道和排污管道处，由人工填沟造地所填，组成物以建筑垃圾为主，结构松散，厚度随坡形变化较大。

全新统洪积物(Q_4^{pl})：分布于勘查区火巷沟沟道，洪积形成，组成物以粉质黏土、粉土为主，结构松散。本次钻孔揭露厚度在 1.5～3.0 m 之间。

5.1.2.2　区域地质构造

本区大地构造属鄂尔多斯向斜东翼的一部分。盆地内轴向为南北向的呈一极不对称的箕状向斜——天环向斜的近轴部东翼。中生代以后，燕山运动致使区域大面积稳定上升，近乎水平的下白垩系地层遭受强烈剥蚀而准平原化，随后本区又复下沉，于下白垩系地层的大夷平面上沉积了一套上新统和更新统地层。

中生代地层整体西倾而产状平缓，东侧形成南北向展布的一些宽缓的背斜，显示了盆地整体性构造特征及局部的构造形态。勘查区未见到影响至黄土层的断层及褶曲等构造形迹。

5.1.2.3　新构造运动与地震

本区新构造运动继承了喜山运动以来的间歇性上升和不均衡沉降相伴的构造运动特点。燕山运动后，鄂尔多斯地块整体上升，由一个中生代凹陷变为隆起区。此后，侵蚀基准面的下降使通往渭河盆地的泾河水系下切作用不断加强，本区子午岭等侵蚀高地，在向源侵蚀过程中已处于萌芽状态。更新世本区的构造格局与上新世基本相似，勘查区仍处于持续上升阶段，但掀斜式的抬升则使盆地北部缺失下更新统，南部沉积了午城黄土及冲洪积砂砾石层。更新世中、晚期普遍堆积有离石黄土及马兰黄土，此时泾河等主要河流都已具雏形，其侵蚀下切也明显加强。晚更新世至全新世，盆地内部表现为大幅度的抬升，河流、沟谷下切作用强烈。

根据国家标准《中国地震动参数区划图》(GB 18306—2015)及甘肃省地方标准《建筑抗震设计规程》(DB62/T 25-3055—2011)，本区抗震设防烈度为 6 度，设计基本地震加速度值为 $0.05g$。

5.1.2.4 岩土体工程地质特征

依据《岩土体工程地质分类标准》(DZ/T 0219—2004),对勘查区岩土体进行工程地质分类。按土体的岩性、结构、工程特性及工程地质指标划分为以下几类:

黄土:广泛分布于勘查区,自上而下分为三层(马兰黄土、离石黄土、午城黄土)。上部马兰黄土结构松散,垂向节理发育,土体孔隙比多在0.84~1.14之间,湿陷系数为0.050~0.083,属湿陷性黄土,内聚力在23.7~35.5 kPa之间,随含水率而变化,内摩擦角13.1°~21.6°,承载力特征值f_{ak}=80~120 kPa,工程性质较差;中部离石黄土结构较致密,土体孔隙比多在0.666~1.098之间,湿陷系数为0.001~0.039,上部具有湿陷性,内聚力在30.5~69.6 kPa之间,随含水率而变化,内摩擦角14.6°~28.6°,土体密实度较好,承载力特征值f_{ak}=150~180 kPa,工程地质性质较好;下部午城黄土结构致密,土体孔隙率多在20.4%~33.2%之间,属非湿陷性黄土,内聚力在25.6~35.0 kPa之间,随含水率而变化,土体密实度好,承载力特征值f_{ak}=180~200 kPa,工程地质性质较好。

坡积粉土、粉质黏土:结构松散,孔隙大,厚度变化较大,一般为1~5 m不等,承载力特征值f_{ak}=80~100 kPa,稳定性较差,不宜直接作为建(构)筑物的基础持力层。

滑坡堆积粉土、粉质黏土混杂土体:混合堆积,成分多以粉土、粉质黏土为主,结构松散,孔隙大,透水性强,压缩性较低,层厚15.0~25.0 m不等,岩性和厚度变化较大,承载力特征值f_{ak}=60~75 kPa,稳定性较差,不宜直接作为建(构)筑物的基础持力层。

洪积粉土、粉质黏土混杂土体:结构松散,稍湿至湿,厚度3.0~4.0 mm,承载力特征值f_{ak}=60~80 kPa,稳定性较差,不宜直接作为建(构)筑物的基础持力层。

杂填土:分布于火巷沟上游沟道和排污管道处,组成物以建筑垃圾为主,稍密,干燥,厚度随变形变化较大,承载力特征值f_{ak}=60~80 kPa,稳定性较差,不宜直接作为建(构)筑物的基础持力层。

5.1.2.5 水文地质条件

根据地下水的赋存条件和水力特征,区内地下水类型主要为第四系松散岩类孔隙-裂隙水及黄土潜水。含水层位于中更新统离石黄土中下部,为孔隙-裂隙水,主要接受大气降水的入渗补给,潜水由水头较高的塬心向水头较低的塬边径流。由于黄土颗粒较细,地层渗透系数介于0.4~0.8 m/d之间,径流相对缓慢，在塬边潜水水力坡度可达 60%以上，勘查区位于塬边，东北部塬上具有统一水位面，埋藏较深，水位为 84～85 m。最终在塬边冲沟处离石黄土与午城黄土接触带以下降泉的形式向外排泄。调查期间，勘查区发现泉眼 5 处，渗水点 4 处，沿午城黄土与离石黄土接触面呈“面状”分布，测量单泉流量 0.8～2.5 L/s。潜水水化学类型为 $K\text{-}Na\text{-}HCO_3\text{-}Ca\text{-}Mg$ 型水，矿化度约 0.52 g/L，属淡质潜水类型，适合于工农业和生活用水。此黄土孔隙潜水与勘查区火巷沟滑坡的形成密切相关。

5.1.2.6　*人类工程活动*

区内人类工程活动较为强烈，与滑坡及其危害有关的人类工程活动主要表现为：

(1) 坡顶修路、建房

勘查区处于西峰区城市规划区内，土地资源宝贵，企业、村民为利用一切可利用土地，在坡顶进行道路、建房修建，增加了滑坡坡肩荷载，改变了坡体原始应力平衡。

(2) 坡顶耕植

区内居民在滑坡坡顶进行耕植，对天然植被不断进行破坏，破坏了原有的林草植被。同时，坡面耕地在夏季被耕翻疏松，利于降水入渗，坡体结构发生变化。

(3) 生产、生活用水的排放

滑坡坡顶有纯净水厂，在生产过程中水厂排水不当，一方面软化土体使其强度降低，另一方面使土体的含水率增加、重度增加，在重力作用下土体易发生沉陷、滑动。

(4) 城市垃圾无序堆放

随着人口增加和开发力度的加大，居民建房、拆迁等建筑垃圾及生活垃圾为主的废弃物堆积于滑坡坡面，增加了滑体荷载。

总体上，区内人类工程活动对地质环境影响较强烈。

5.1.3　滑坡灾情分析

火巷沟曾发生过多次滑坡灾害，仅 2002—2007 年就发生滑坡 8 次，经现场调查访问，火巷沟滑坡中 H_1、H_2 滑坡分别发生于 2002 年和 2003 年，摧毁南侧园艺场仓储用窑 30 多眼，冷冻厂冷库 1 座，建材厂车间 2 间及大量成品；城区东郊排水管道每年因滑坡断裂而造成 10 万～30 万元的经济损失，地质灾害直接或间接造成的经济损失总额达 370 万元。

H_3 滑坡近年多次发生滑动。2013 年 8 月 6 日发生滑坡，造成坡顶纯净水厂 5 间厂房毁坏、坡脚沟道堵塞，所幸未造成人员伤亡，造成直接经济损失 10 万元，间接经济损失 30 万元(疏通沟道)。

2014 年 3 月 2 日再次发生滑动，规模较小，未造成人员伤亡，但致使坡顶纯净水厂 10 间厂房墙体出现裂缝，严重威胁厂房的正常使用，造成直接经济损失 20 万元。

2014 年 9 月 13 日又一次发生滑动，规模较小，未造成人员伤亡，但彻底毁坏了上次墙体出现裂缝的厂房，造成直接经济损失 5 万元。经统计，资产损失约 65 万元，灾情等级为小型。

5.1.4 危险性评价

火巷沟沟内没有居民及企业单位，威胁对象主要位于火巷沟沟岸两侧，从发生的多次滑坡地质灾害看，该沟溯源侵蚀十分强烈，从 2002 年至今，沟岸后移约 85 m，初步计算火巷沟后退速率约为 6.5 m/a。若不对火巷沟滑坡进行综合治理，沟岸后移，可能威胁到沟岸西部已建的安居小区和拟建的北京大道，以及沟脑已建的东湖公园，沟岸东部已建的烟厂、碧晖高地及青少年活动中心。潜在受威胁人数约 1 500 人，受威胁资产约 3.6 亿元，险情等级为大型。

5.1.5 防治建议

火巷沟滑坡的治理工作应首先在查清其形成过程、发展规律、滑移特点和稳定性的基础上，根据危害特征，遵循“以人为本”的原则，以保证居民和财产的安全为出发点，提出科学、合理、经济的防治对策和方案，从而有效地减轻滑坡灾害的危害和威胁，为当地居民创造和谐的社会环境和生活环境。

(1) 首先对整个坡体进行削坡减载；在马道、卸荷平台和坡面布设截(排)水渠和吊沟，将地表水排导至滑坡坡脚的排水渠。防止降水形成的地表水入渗坡体，进而影响坡体的稳定性。

(2) 削坡减载形成的大量土方，用于坡脚沟道的回填整平。

(3) 在回填沟道的沟底设置透水层、集水廊道及盲沟，保证沟坡回填区的地下水及上游地表水进入廊道，从而安全、顺利地排泄至滑坡区下游的排导渠内。

(4) 在泉眼处设置盲沟，将泉眼排泄的地下水引至廊道排泄至下游，防止渗入填土，造成填土湿陷。

(5) 建立坡体变形监测系统。

5.2　不稳定斜坡

5.2.1　斜坡特征

双桐村不稳定斜坡位于肖金镇双桐村西南部的冲沟边缘，受冲沟暴雨洪水切割侵蚀发育成不稳定斜坡。地理坐标：107°38′17″E、35°32′40″N。斜坡坡顶高程 1 340 m，坡脚高程 1 284 m，相对高差 56 m，斜坡平均坡度约 45°。斜坡长 62 m、宽 190 m。目前，该斜坡坡脚受洪水冲切割作用强烈，坡体前缘局部地段的临空条件好，多处坡体变形发生滑塌现象。

5.2.2　不稳定斜坡形成条件分析

该斜坡目前处于稳定性差的状态，经现场调查分析，除斜坡区特殊的地质环境条件外，降雨是引发滑坡的主要因素。根据斜坡的地形及地层岩性特征，对滑坡的成因及变形特征做进一步的分析。

（1）降雨

致该斜坡发生变形的主要因素是大气降水，该区内降雨集中，10 min 最大降雨量 19.5 mm，30 min 最大降雨量 32.3 mm，1 h 最大降雨量 50.0 mm，日最大降雨量 115.9 mm，月最大降雨量 260 mm。大气降水对斜坡的影响主要表现为：① 大气降水汇集于冲沟形成洪水，冲蚀切割坡脚，沟谷侵蚀切割强烈，沟谷多呈 V 形，使坡体失稳发生变形；② 塬表面的大气降水冲蚀坡体，使坡体冲沟和落水洞发育，每年 7—9 月遇暴雨情况则会发生滑塌变形。

（2）工程地质条件与水文地质

勘查区内的岩土体及工程地质性质（图 5-2、图 5-3）：

滑坡堆积物：主要为黄土块体的混杂堆积，结构松散，物理力学性质不稳定。

马兰黄土：质地均一，具大孔隙，垂直节理发育，承载力低，具Ⅱ级自重湿陷性，湿陷系数 0.004～0.079，黏聚力 14.62 kPa，内摩擦角 20.33°，工程地质性质差。

离石黄土：为粉砂质粉质黏土，结构松散，节理发育，钙质胶结层发育，湿陷系数 0.004～0.006，黏聚力 19.24 kPa，内摩擦角 21.53°，工程地质性质较差。

勘查区地下水类型属松散岩类孔隙水，储存于第四系中更新统离石黄土，

图 5-2 灾害点照片

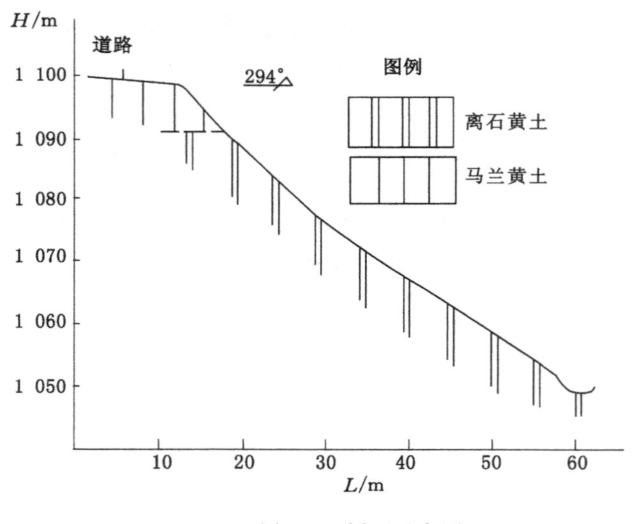

图 5-3 剖面示意图

含水岩性为粉土质亚黏土，地下水埋藏深度为 56.6 m，天然资源约 2.125 万 m^3，水质良好，矿化度 0.13 g/L，含水层平均厚度 48 m，补给来源为降雨渗透，补给系数约为年有效降雨量的 13%。受降水量变化影响，主要排泄方式为以泉水的形式在沟侧排泄。

区内表层土体以较为疏松的黄土为主，遇水后易发生湿陷软化，同时由于坡体基底为透水性差且遇水极易软化和膨胀变形的泥岩，在地表水入渗形成地下水后，易富集于其接触面，从而大大降低黄土的主要力学性质，给坡体整体的稳定性带来较大隐患。此外，坡体上覆盖的马兰黄土结构疏松，垂直节理发育，在地表水的垂向作用下易形成落水洞，为地表水向地下水的转化提供了良好的地质条件，在较大的降水或暴雨发生时，地表大量的降水入渗转化为地下水，易引发坡体的滑坍变形，以致发生较大规模的滑坡灾害。

5.2.3 斜坡稳定性分析

双桐村不稳定斜坡是在特定地质构造背景和地层岩性等内在条件的基础上，受多种力作用共同影响，由降雨诱发。对其现状稳定性分析如下：

通过野外调查、工程地质钻探、山地工程及室内试验等手段，对该斜坡进行综合分析。根据勘查，双桐村不稳定斜坡潜在滑面近似圆弧状，采用“理正岩土计算软件 6.0 版”进行斜坡稳定分析计算，搜索最危险滑裂面，结果见表 5-1。

表 5-1 双桐村不稳定斜坡稳定性计算成果表

剖面编号	工况		
	正常工况（天然状态）	非正常工况Ⅰ（地震状态）	非正常工况Ⅱ（饱水状态）
Ⅰ—Ⅰ′剖面	1.031（欠稳定）	0.973（不稳定）	0.898（不稳定）
Ⅱ—Ⅱ′剖面	1.042（欠稳定）	0.981（不稳定）	0.894（不稳定）

根据地形地貌、地层岩性、地表变形迹象及稳定性计算，可以得出以下结论：双桐村不稳定斜坡自然工况下处于欠稳定状态，在暴雨及地震工况下均处于不稳定状态。综合判别整个不稳定斜坡处于不稳定状态。

5.2.4 斜坡危险性评价

目前，该斜坡处于稳定性较差的状态，威胁坡顶人员、农田及道路等。但根据该滑坡上岩土体的工程地质特征、滑体前缘洪水的切蚀情况、坡体中段滑坡的发育情况，该斜坡中前缘的局部地段有向不稳定状态发展的趋势。其引发因素主要为连续性较大的降水或暴雨及较大规模的地震。

5.2.5 防治建议

针对双桐村不稳定斜坡目前的特点和斜坡的稳定性，提出以下防治方案和建议：

（1）加强坡体的监测工作。对坡体的中前缘段进行地面位移、拉张裂缝的变化及坡脚冲蚀情况的监测。

（2）回填落水洞及修建截（排）水渠，及时对滑坡体上出现的裂缝、落水洞进行夯实填埋，并在裂缝外围修筑截（排）水渠对地表水进行拦排。

（3）在坡脚段对洪水进行排洪疏导，防止洪水直接冲蚀斜坡坡体前缘。

5.3 泥石流

选取显胜乡大沟泥石流进行重点剖析，大沟流域面积较大、坡降小、人口相对集中，在全区泥石流中具有代表性。通过对该条泥石流沟的重点调查和对比分析，对该类泥石流的发生条件、危害形式等进行初步总结，利于全区泥石流灾害的综合评价和地质灾害的易发性、危险性分区。

5.3.1 基本概况

大沟位于蒲河东岸，为蒲河一级支流，北起显胜乡政府南侧，南至显胜乡毛寺村毛家寺组汇入蒲河（图 5-4），行政隶属显胜乡。主沟方向约 225°，全长 6.1 km，沟脑高程 1 268 m，沟口高程 1 017 m，相对高差 251 m，主沟纵比降 41.1‰，流域面积 6.2 km^2，流域形态呈长条形。

5.3.2 泥石流形成条件

陡峭的地形、丰富的松散固体物质和充沛的水源是泥石流形成的基本要素。

（1）地形条件

蒲河东岸，大沟沟谷总体呈东北-西南向展布，区内地貌形态主要有黄土梁、峁、沟壑和侵蚀堆积河谷两种类型。

流域内地势西南高、东北低，最高点为显胜乡政府南侧，海拔约为 1 268 m，最低点位于沟口，高程约为 1 017 m，相对高差 251 m。区内植被稀少，上游沟道狭长，沟岸两侧黄土塬面主要为农田，中下游主要为裸露的黄土梁、峁、沟壑。沟岸坍塌、崩塌等重力地貌主要发育分布在沟谷下游两侧。

大沟流域面积 6.06 km^2，主沟道长 6.1 km，最大相对高差 251 m，平均坡降 45.42‰，在中游向西北拐弯，呈 L 形。上游沟道狭窄，沟道宽度在 30～50 m 之间，横剖面呈 V 形，沟壁较陡，在 45°～75°之间，坡长 15～50 m。中游沟道渐

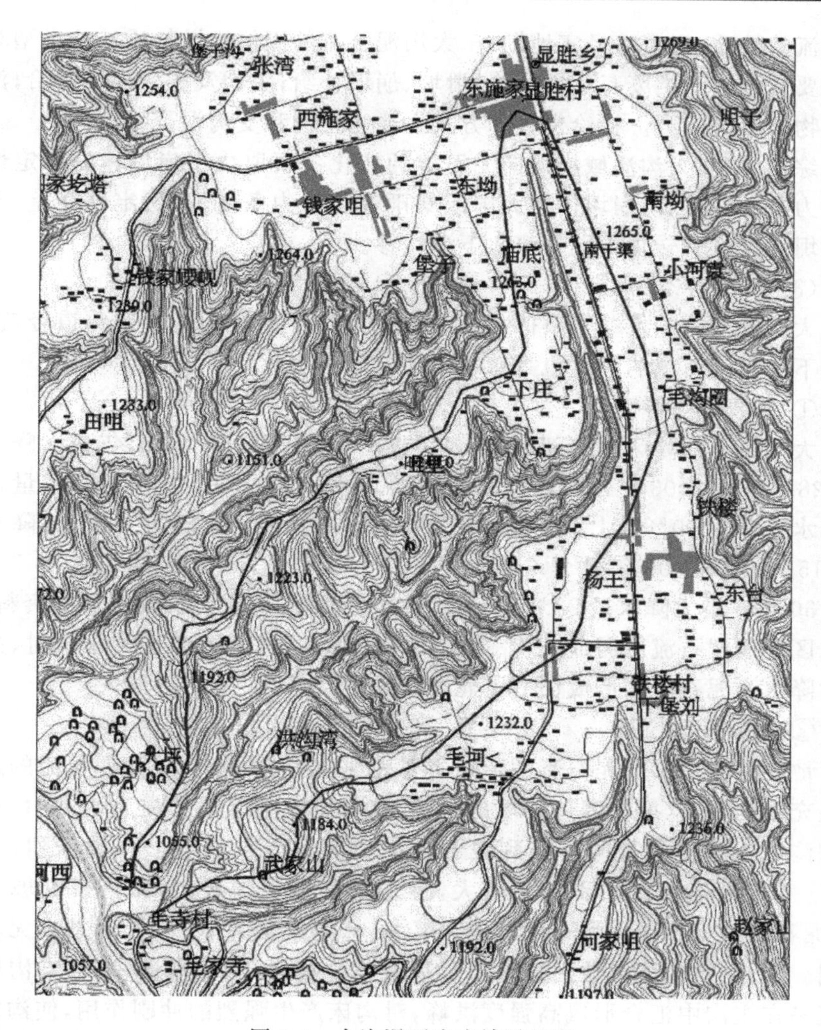

图 5-4　大沟泥石流流域平面图

宽，最宽处约 13 km，横剖面由 V 形变为 U 形，沟壁 55°～45°，坡长 40～100 m。下游段长约 6.6 km，坡降 12‰～18‰，沟道宽 80～410 m，横剖面呈 U 形，沟壁 30°～40°，坡长 100～150 m，呈阶状，沟底两侧局部基岩出露，两侧谷坡植被覆盖率小于 10%。

(2) 固体物质补给条件

固体松散物质是泥石流的主要组成部分，其储量大小及补给条件控制着泥石流的性质、规模。经实地勘查，大沟泥石流的固体松散物质补给类型和方式主要有沟脑人类废弃垃圾补给；滑坡、崩塌补给；主沟及支沟面蚀补给；沟道堆积物补给等四类。补给位置和方式主要为主沟和支沟混合补给。

综上所述，大沟流域崩塌向泥石流的转化主要取决于崩塌体的稳定性和水动力条件，流域内崩塌体在大雨或暴雨等水动力条件下，稳定性变差，不断发生坍塌、滑塌，转化为泥石流向下游运移。

(3) 水动力条件

大沟泥石流的水动力条件主要来自暴雨产生的坡面径流和沟道径流，此外地下水对泥石流的产生也具有一定的促进作用。

① 流域暴雨特征

大沟位于西峰区西南部，该区多年平均降水量 526.7 mm，年最大降水量为 828.2 mm(2003 年)，年内降水量主要集中于 7—9 月，其间的降水量占全年降水总量的 50%以上，暴雨集中而频繁。据统计，调查区内日最大降水量为 115.9 mm(2006 年 7 月 2 日)，1 h 最大降水量 50.0 mm(2006 年 7 月 2 日)，30 min 最大降水量 32.3 mm(2006 年 7 月 8 日)。另据前人研究资料，庆阳地区形成泥石流所需成灾雨强为 40 mm/h。显然，区内这种短历时、高强度的降水为泥石流的形成创造了充沛的水动力条件。

② 地表径流特征

地表径流对形成泥石流的影响主要表现在两个方面：① 为泥石流的形成提供充足的水量(携带固体物质的浆体)；② 径流所产生的强大水动力，将斜坡和沟道中的各类物源转移到泥石流中。水沟流域内地形切割强烈，陡坡(35°～45°)地形所占面积比例较大，且主要分布于沟源；沟口一带则坡降较缓，泥石流易于停淤。泥石流形成区灌木、林地覆盖率小于 10%，基本无滞水作用。因此，水沟流域坡面径流特征是坡面流量大，沟源汇流快，各支沟地表径流易在主沟中汇合形成高强度洪峰，对沟床产生强烈的冲刷作用，使沟床侵蚀下切，并掏刷沟岸，引起边岸坍塌，固体松散物质得到极大补充，使泥石流流量与容重同步增长，产生泥石流灾害。

③ 地下水作用

影响大沟流域内泥石流形成的地下水主要有两类：一类是黄土潜水，另一类是松散岩类孔隙水。

黄土潜水主要受大气降水的控制，主要赋存于粉质黏土中，一般沿古土壤层顶面以泉或泉群的形式排泄，泉流量较小。黄土潜水作为形成泥石流的水源，其作用十分有限，但由于黄土潜水广泛分布于土体中，因而为泥石流的形成提供了大量的水源。

松散岩类孔隙水，主要分布于沟道松散堆积层和谷坡残坡积层中，其中对形成泥石流有促进作用的是分布于谷坡残坡积层中的孔隙水。这类地下水流向与斜坡倾向一致，沿坡面径流时，土体内部软弱结构面、土体与基岩接触面得以润滑，使坡体抗滑能力下降，促进滑坡、溜滑等不良地质现象发生，增大泥石流物源的补给量。

5.3.3　泥石流发育特征

泥石流形成区是为泥石流的形成提供水体和固体物质的主要补给区；流通区是泥石流发生运移的地段；堆积区是泥石流固体物质堆积的区域。根据上述分区原则，并结合泥石流的形成、运移、堆积特征，将大沟流域划分为形成区、流通区和堆积区。

5.3.4　泥石流特征值

大沟具有沟床比降较小、沟谷狭长、固体物质较为丰富、汇流快、泥石流流量大的特点。据调查，该沟泥石流活跃，每 4～5 年发生 1 次泥流。根据计算，一次最大冲出量分别为 34.7 万 m^3（100 年一遇）、27.7 万 m^3（100 年一遇）和 17.3 万 m^3（20 年一遇），规模属大型泥石流。大沟属稀性泥流，通过本次野外勘查，依据泥石流固体物质补给形式、沉积特征，结合历史上泥石流水砂体积比和经验公式，初步判断该区泥石流的重度为 15.93 kN/m^3。

5.3.5　泥石流危害特征

根据调查，2014 年汛期大沟爆发泥流，冲毁农田 20 亩，未造成人员伤亡，灾情等级属小型。大沟不仅威胁到沟口显胜乡毛寺村毛家寺组居民生命和财产安全，同时还威胁到沟口耕地及公路安全。受威胁的对象有：沟口居民 5 户，人口 28 人，农田 30 亩，公路 300 m；威胁财产 80 万元。

通过对流域内泥石流的形成、径流堆积特征及以往发生过的泥石流灾害调查综合分析认为，流域内泥石流危害对象主要是沟谷下游地区和沟口堆积区，危害方式以淤埋、冲刷沟道为主。

（1）淤埋：是区内泥石流最大的危害特点。据调查，泥石流往往来不及排泄越过排洪涵洞，大量的泥沙停留在农田和道路上，淤埋各种设施。

（2）冲刷：区内泥石流的冲刷主要表现在两个方面：① 受暴雨作用，沟域内大量坡面土体被带走，山坡土层被冲刷减薄，造成大量的水土流失；② 沟岸冲刷贯穿整个沟道，泥石流沿程接受岸坡及沟床松散体的补给，重度不断增高。

5.3.6 治理方案建议

根据大沟泥石流的发育特点、形成条件和危害情况，确定本次泥石流治理采用“以排为主，适当拦固，辅以沟道加固、局部沟道清淤”的治理方案。

根据流域内各沟道地质条件和综合治理规划原则，建议在汛期关注该区域气象预报，及时做好防洪措施；建议在沟口修建排导渠，在沟口路基处增加泄洪涵洞并定期清理排导渠内淤泥；建议在上游沟岸修建排水渠，并在沟侧栽种树木绿化，一方面可保持水土，减缓溯源侵蚀作用，另一方面可减少水流中的泥土含量，防止沟内发生泥石流冲毁下游村庄。

5.4 地裂缝

通过研究后官寨乡王岭村石家堡组地裂缝(HZ009)，分析其变性破坏特征及成因机制。

5.4.1 基本概况

地裂缝位于蒲河支流南小河沟沟脑，行政隶属后官寨乡王岭村石家堡组管辖(图 5-5)。地理坐标：107°35′42.6″E、35°43′6.9″N。

图 5-5 石家堡地裂缝平面图

地裂缝地面形态呈直线形，南北向延伸，延伸方向 8°，长 500 m，地表宽 0.3～0.5 m，裂缝垂直向地下延伸，深度 2～3 m。该地裂缝规模等级属小型，裂缝性质属黄土湿陷下错裂缝。现裂缝基本被村民填埋,局部形成地面沉降,每年暴雨情况下填埋的土体都会被再次冲开,裂缝会继续发展。

5.4.2　地质环境条件

地裂缝所在地貌单元属黄土梁,梁面长约 7.5 km,宽约 2.3 km,总体呈东北-西南向,方向 206°,受两侧冲沟溯源侵蚀,梁面最窄处仅有 2 m 宽,继续侵蚀该黄土梁将逐步缩小,最后发展为黄土峁。黄土梁地层岩性上部为第四系上更新统马兰黄土,孔隙发育,结构疏松,垂直节理发育,具Ⅱ级自重湿陷性;下部为第四系中更新统离石黄土,针孔发育,垂直节理发育,夹多层薄层古土壤。

5.4.3　成因分析

黄土梁表层的马兰黄土结构疏松,土粒成分以粉土为主,遇水易发生湿陷与软化,在暴雨情况下大气降水渗入黄土逐渐形成落水洞,地表水从落水洞进入地下沿黄土中的节理裂隙向黄土梁两侧的冲沟中排泄,长期作用在土体内部侵蚀形成地下通道,逐步发展为串珠状落水洞,最后贯通形成地裂缝。

5.4.4　灾害史

据调查,该地裂缝于 2012 年 8 月出现,毁坏房屋 12 间,损毁农田 8 亩,直接经济损失约 32 万元,未造成人员伤亡,此后村民将裂缝进行填埋,但每年雨季暴雨情况下裂缝都会再次复发,并逐渐加宽、加深,灾情等级为一级。潜在威胁人口 35 人,威胁财产 100 万元,险情等级小。

5.4.5　防治建议

目前,石家堡地裂缝无任何监测措施,主要的治理措施为人工填埋,但填埋不够彻底,建议对雨情及裂缝宽度进行监测,并对开放的裂缝进行填埋、夯实,充填料采用不易被流水冲蚀的材料,表面进行防水处理或硬化,同时需做好整个黄土梁面的地表排水系统,对坐落于裂缝上的住户进行搬迁避让。

第6章 地质灾害区划与分区评价

6.1 灾害易发区划分及分区评价

6.1.1 易发区划分原则

(1) 突出“以人为本”的原则

在考虑工作区地质环境条件和地质灾害分布规律的基础上,充分考虑区内受灾体的分布特点及规模等因素。

(2) 以“地质环境条件为主”的原则

地质灾害易发区的划分主要依据形成地质灾害的地质环境背景条件、主要诱发条件和地质灾害发育现状,同时要考虑受地质灾害影响的居民点及与人类活动有关的工程设施等。

(3) “定性分析为主、定量评价为辅”的原则

地质灾害的形成受多种环境因素的影响,基于本次调查工作精度和以往研究程度,尚难定量化评价区域内地质灾害的易发程度。因此,本次评价是在定性分析的基础上,辅助于定量化的指标进行综合评价。

(4) “区内相似、区际差异”的原则

在同一类型的区内,地质环境背景条件、主要诱发条件和地质灾害发育特征应基本相似;而不同类型的区内,则具有明显的差异性。

(5) “流域完整性”的原则

为增强易发区划分的适用性和可操作性,考虑到各流域的完整性,以自然分水岭或大河流主流线为分区界线;同时,为便于地方政府应用,在易发区划分时,应参考行政区划范围。

6.1.2　地质灾害易发区划分方法

6.1.2.1　评价思路与方法

地质灾害发育现状是其易发性的客观反映，要想准确地进行地质灾害易发性分区，必须依赖遥感解译和野外实际调查工作，本着这一思路，此次调查十分重视对基础地质元素的搜集与分析，野外工作结束时已形成本区地质灾害易发性基本轮廓，即初步的定性分区结果。同时，考虑到地质环境条件的复杂性，通过对影响地质灾害发育的诸多因素分析，采用半定量方法进行分区计算，作为对定性评价的补充。最后综合两种结果，形成本区地质灾害易发性分区图。

层次分析法（简称 AHP）是美国运筹学家萨蒂于 20 世纪 70 年代中期提出的一种定性与定量相结合的多准则决策的系统分析方法。其基本原理是把复杂系统分解成目标、准则、方案等层次，在此基础上进行定性和定量分析的决策。它把人的决策思维过程层次化、数量化、模型化，并用数学手段为分析、决策提供定量的依据，是一种对非定量事件进行定量分析的有效方法，特别是在目标因素结构复杂且缺少必要数据的情况下，需要将决策者的经验判断定量化时该法非常实用。该方法适用于多准则、多目标或无结构特征的复杂问题的决策分析，它按照各因子相互之间的内在支配关系，建立层次结构模型，通过因子的两两比较，建立判断矩阵，进行层析排序，确定各因子的相对重要性。

地理信息系统在最近的 30 多年内得到了惊人的发展，广泛应用于资源调查、环境评估、灾害预测等众多领域，借助 GIS 系统可以完成数字制图、数字地形分析、空间决策支持、空间分析统计等任务，在 GIS 平台上进行易发性区划可以在一定程度上避免传统区划工作量大、工作强度大、工作精度不高以及主观影响大的不足。

本次研究拟采用基于层次分析法和 GIS 空间分析统计方法相结合的工作方法对区内地质灾害易发性进行评价和区划，主要技术路线和方法如下：

（1）确定评价单元和评价因子，利用层次分析法确定各因子和各要素的权值。

（2）对各评价因子指标进行量化，并采用归一化数值变换方法统一量纲。

（3）在进行指标权值确定和数据归一化的基础上，利用 GIS 系统的空间分析功能进行数据的空间叠加与统计。

（4）经统计分析确定易发性区划的分界点，将评价结果分成不同等级。

（5）在 GIS 分析成图的基础上综合考虑各种因素，进行修改完善，最终编制工作区地质灾害易发性区划图。

6.1.2.2 评价指标体系建立

运用层次分析法建模，可按下面四个步骤进行：

（1）建立递阶层次结构模型。

（2）构造判断矩阵。

（3）计算权向量。

（4）一致性检验。

6.1.2.3 建立递阶层次结构模型

分析问题所包含的因素及其相互关系，将有关的各个因素按照不同的属性自上而下地分解成若干层次，同一层次的诸因素从属于上一层的因素或对上层因素有影响，同时又支配下一层的因素或受下一层因素的作用。层次结构通常分为目标层（顶层）、准则层（中间层）和措施层（底层）。

地质灾害易发区系指容易产生地质灾害的区域，因此在选取评判因子时要依据工作区内地质灾害发育的特点。所选取的评判因子，应能全面反映区内地质灾害的发育特点和孕灾条件。本次评价以地质灾害易发性作为目标层，选择了发育因子、基础因子和诱发因子构成准则层（即二级评判因子），并选取了对地质灾害易发性影响较为明显的 14 个因子构成措施层（即三级评判因子），层次结构如图 6-1 所示。

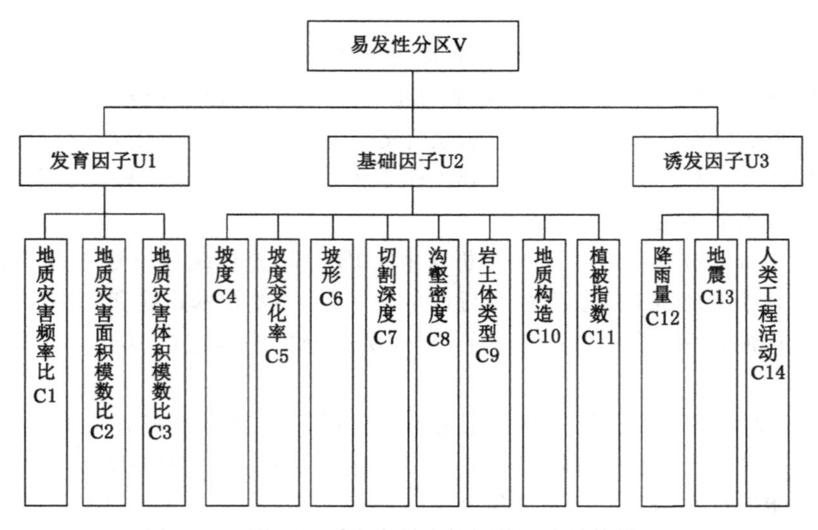

图 6-1 西峰区地质灾害易发性评价层次结构模型图

6.1.2.4　构造判断矩阵

在层次结构中，对于从属于(或影响)上一层的每个因素的同一层诸因素进行两两比较，比较其对于准则的重要程度，并按事前规定的标度定量化，构成矩阵形式，即判断矩阵。判断矩阵中各元素的数值由多名经验丰富的专家集中群体智慧对各因素的相对重要性进行评估打分确定。

(1) 计算权向量

根据判断矩阵，利用线性代数知识，精确地求出 T 的最大特征根所对应的特征向量。所求特征向量即为各评价因素的重要性排序，经归一化后即为同一层次相应因素对于上一层次某因素相对重要性的排序权值。本次评价采用和积法进行求解，具体步骤如下：

① 将判断矩阵每一列归一化：

$$\overline{\boldsymbol{u}}_{ij}=\frac{u_{ij}}{\sum_{k=1}^{m}\boldsymbol{u}_{kj}}\quad (i,j=1,2,\cdots,m)$$

② 每一列经正规化的判断矩阵按行相加：

$$\boldsymbol{W}_i=\sum_{j=1}^{m}\boldsymbol{u}_{ij}\quad (i,j=1,2,\cdots,m)$$

③ 对向量 $\boldsymbol{W}=(\boldsymbol{W}_1,\boldsymbol{W}_2,\cdots,\boldsymbol{W}_m)^{\mathrm{T}}$ 做正规化处理：

$$a_i=\frac{\boldsymbol{W}_i}{\sum_{j=1}^{m}\boldsymbol{W}_j}\quad (i=1,2,\cdots,m)$$

依次所得到的 $\boldsymbol{A}=(a_1,a_2,\cdots,a_m)^{\mathrm{T}}$ 即为所求特征向量。

④ 计算判断矩阵的最大特征根为：

$$\lambda_{\max}=\frac{1}{m}\sum_{i=1}^{m}\frac{(TA)_i}{a_i}$$

式中，$(TA)_i$ 表示向量 $T\boldsymbol{A}$ 的第 i 个元素。

本次各因子权重的排序打分采用通用的 1-9 标度方法(表 6-1)，层次总排序的结果见表 6-2，层次单排序的结果见表 6-3。

表 6-1　判断矩阵标度及其含义

序号	重要性等级	C_{ij} 赋值
1	i、j 两因素同样重要	1
2	i 因素比 j 因素稍微重要	3

表 6-1(续)

序号	重要性等级	C_{ij} 赋值
3	i 因素比 j 因素明显重要	5
4	i 因素比 j 因素强烈重要	7
5	i 因素比 j 因素极端重要	9
6	i 因素比 j 因素稍微不重要	1/3
7	i 因素比 j 因素明显不重要	1/5
8	i 因素比 j 因素强烈不重要	1/7
9	i 因素比 j 因素极端不重要	1/9

表 6-2 判断矩阵标度层次总排序结果一览表

V-U	发育因子 U1	基础因子 U2	诱发因子 U3	总排序权值	排序
U-C	0.454 5	0.454 5	0.091 0		
地质灾害频率比 C1	0.637 0			0.289 5	1
地质灾害面积模数比 C2	0.258 3			0.117 4	3
地质灾害体积模数比 C3	0.104 7			0.047 6	6
坡度 C4		0.098 4		0.044 7	7
坡度变化率 C5		0.041 8		0.019 0	10
坡形 C6		0.098 4		0.044 7	8
切割深度 C7		0.098 4		0.044 7	9
沟壑密度 C8		0.215 2		0.097 8	4
岩土体类型 C9		0.385 0		0.175 0	2
地质构造 C10		0.041 8		0.019 0	11
植被指数 C11		0.021 2		0.009 6	14
降雨量 C12			0.600 0	0.054 6	5
地震 C13			0.200 0	0.018 2	12
人类工程活动 C14			0.200 0	0.018 2	13

表 6-3　判断矩阵标度层次单排序结果一览表

1. 易发性区划　判断矩阵一致性比例：0.000 0；对总目标的权重：1.000 0

易发性区划	发育因子	基础因子	诱发因子	W_i
发育因子	1	1	5	0.454 5
基础因子	1	1	5	0.454 5
诱发因子	1/5	1/5	1	0.090 9

2. 发育因子　判断矩阵一致性比例：0.037 0；对总目标的权重：0.454 5

发育因子	灾害频率比 C1	灾害面积模数比 C2	灾害体积模数比 C3	W_i
灾害频率比 C1	1	3	5	0.637 0
灾害面积模数比 C2	1/3	1	3	0.258 3
灾害体积模数比 C3	1/5	1/3	1	0.104 7

3. 基础因子　判断矩阵一致性比例：0.029 0；对总目标的权重：0.454 5

基础因子	坡度 C4	坡度变化率 C5	坡形 C6	切割深度 C7	沟壑密度 C8	岩土体类型 C9	地质构造 C10	植被指数 C11	W_i
坡度 C4	1	3	1	1	1/3	1/5	3	5	0.098 4
坡度变化率 C5	1/3	1	1/3	1/3	1/5	1/7	1	3	0.041 8
坡形 C6	1	3	1	1	1/3	1/5	3	5	0.098 4
切割深度 C7	1	3	1	1	1/3	1/5	3	5	0.098 4
沟壑密度 C8	3	5	3	3	1	1/3	5	7	0.215 2
岩土体类型 C9	5	7	5	5	3	1	7	9	0.385 0
地质构造 C10	1/3	1	1/3	1/3	1/5	1/7	1	3	0.041 8
植被指数 C11	1/5	1/3	1/5	1/5	1/7	1/9	1/3	1	0.021 2

4. 诱发因子　判断矩阵一致性比例：0.000 0；对总目标的权重：0.091 0

诱发因子	降雨量 C12	地震 C13	人类工程活动 C14	W_i
降雨量 C12	1	3	3	0.6
地震 C13	1/3	1	1	0.2
人类工程活动 C14	1/3	1	1	0.2

（2）一致性检验

为避免其他因素对判断矩阵的干扰，在实际应用中要求判断矩阵满足大体上的一致性，需进行一致性检验。只有通过检验，才能说明判断矩阵在逻辑上是合理的，才能继续对结果进行分析。对判断矩阵进行一致性检验，计算公式为：

$$CR=CI/RI$$

式中，CR(Consistency Ratio)为一致性比例。当 CR<0.10 时，认为判断矩阵的一致性是可以接受的，否则应对判断矩阵做适当修正。CI(Consistency Index)为一致性指标，按下式计算：

$$CI=(\lambda_{max}-n)/(n-1)$$

式中，λ_{max}为判断矩阵的最大特征根；n 为成对比较因子的个数；RI(Random Index)为随机一致性指标，可查表 6-4 确定。

表 6-4　平均随机一致性指数 RI

阶数 n	1	2	3	4	5	6	7	8	9
RI	0	0	0.58	0.9	1.12	1.24	1.32	1.41	1.45

当 CR<0.1 时，就认为判断矩阵具有满意的一致性，否则就需要重新调整，直到具有满意的一致性为止。经检验，本次评价模型各层次均具有满意的一致性。

6.1.2.5　评价指标量化

（1）发育因子

发育因子主要体现的内容是工作区内已有地质环境及人类活动共同作用下地质灾害的发育程度，具体通过地质灾害的空间发生频率、面积和体积模数分布比率综合体现。实现过程为首先运用栅格数据处理方法对调查区进行剖分，按 2.5 km×2.5 km 的范围划分单元网格，将全区离散为 20 行、15 列，共计 170 个单元网格，然后以单元格为单位计算各指标并进行归一化处理，归一化结果如图 6-2～图 6-4 所示。

① 地质灾害频率比(C1)

设第(i,j)单元内灾害频率为 $f(i,j)$，单元面积为 $S(i,j)$，单元内灾害的频率密度为 $\rho f(i,j)$，整个研究区面积为 S，灾害总数为 f，总频率密度为 ρf，则第(i,j)单元格灾害频率比为 $Rf(i,j)=\rho f(i,j)/\rho f$。其中，$\rho f(i,j)=f(i,j)/S(i,j)$，$\rho f=f/S$。

② 地质灾害面积模数比(C2)

设第(i,j)单元内灾害体分布面积为 $Ss(i,j)$，单元面积为 $S(i,j)$，单元内灾害的面积模数为 $\rho s(i,j)$，整个研究区面积为 S，灾害点总面积为 s，总面积模数为 ρs，则第(i,j)单元格灾害面积模数为 $RS(i,j)=\rho s(i,j)/\rho s$。其

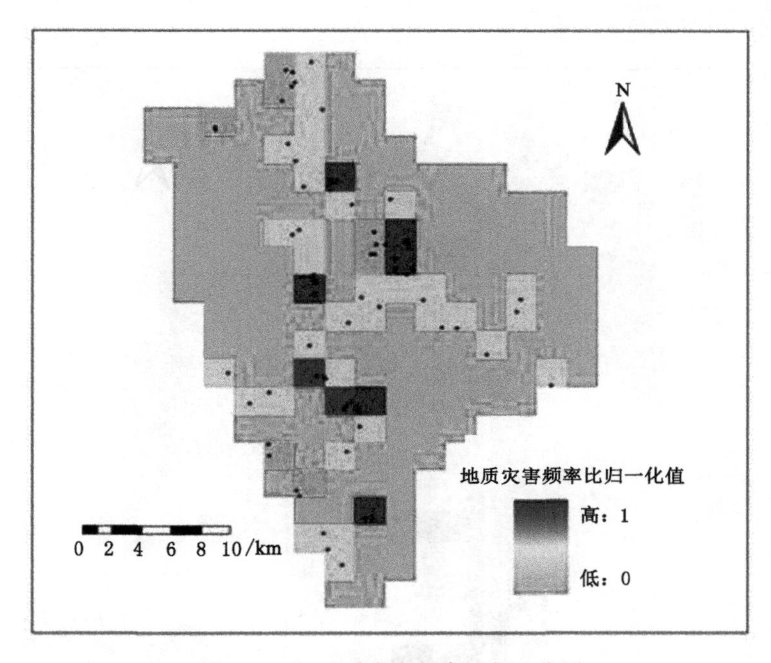

图 6-2　C2 地质灾害频率比归一化图

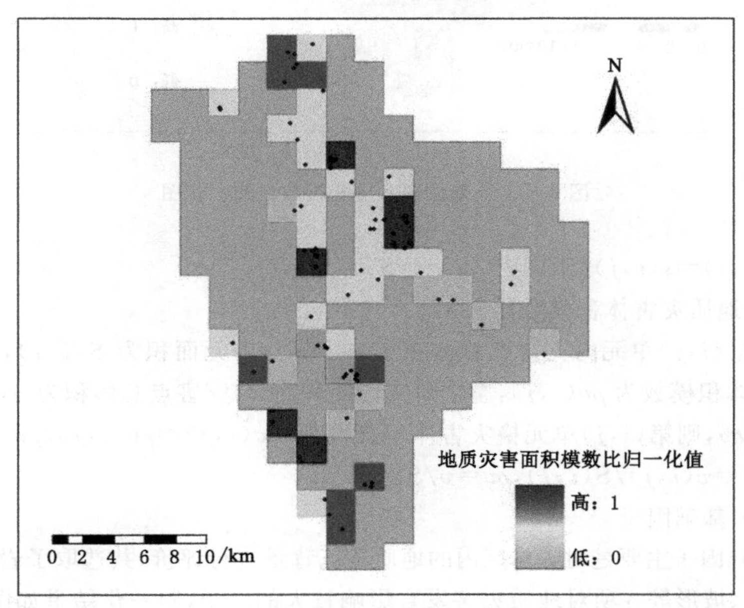

图 6-3　C1 地质灾害面积模数比归一化图

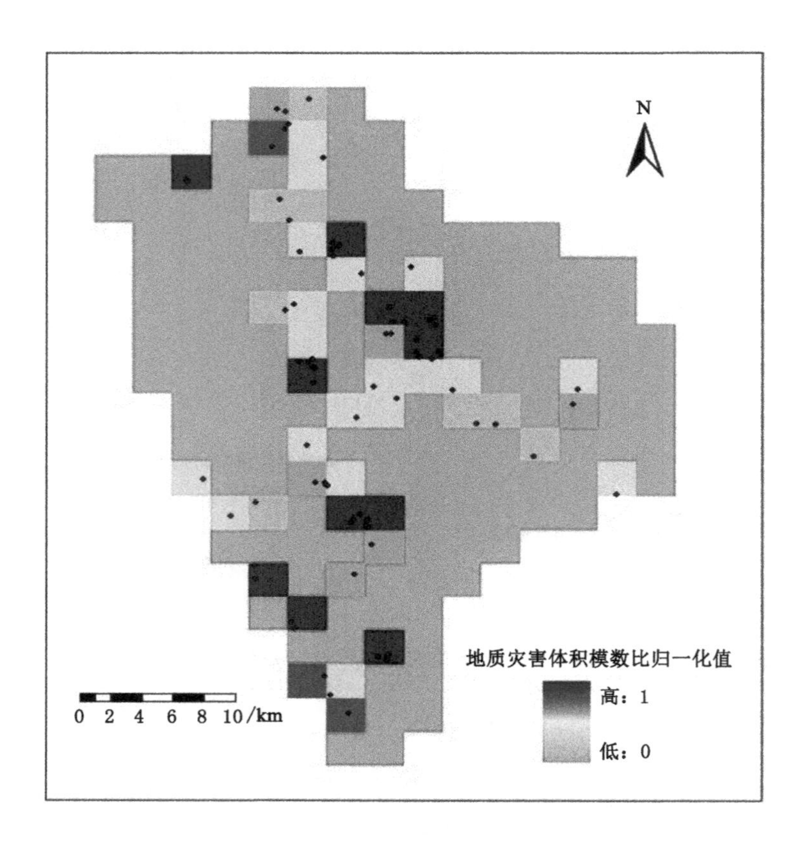

图 6-4　C3 地质灾害体积模数比归一化图

中，$\rho s(i,j)=s(i,j)/S(i,j)$，$\rho s=s/S$。

③ 地质灾害体积模数比(C3)

设第(i,j)单元内灾害点总体积为 $v(i,j)$，单元面积为 $S(i,j)$，单元内灾害的体积模数为 $\rho v(i,j)$，整个研究区面积为 S，灾害点总体积为 v，总面积模数为 ρv，则第(i,j)单元格灾害体积模数为 $Rv(i,j)=\rho v(i,j)/\rho v$。其中，$\rho v(i,j)=v(i,j)/S(i,j)$，$\rho v=v/S$。

(2) 基础因子

基础因子主要是对工作区内的地质环境背景进行评价，共选取了岩土体类型、坡度、坡形等 8 项对地质灾害发育影响较大的因子，归一化结果如图 6-5～图 6-12 所示。

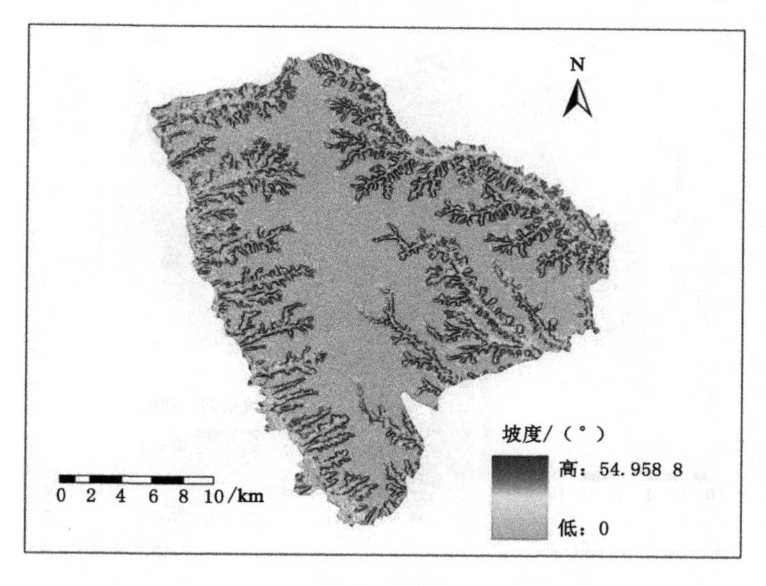

图 6-5　C4 坡度归一化图

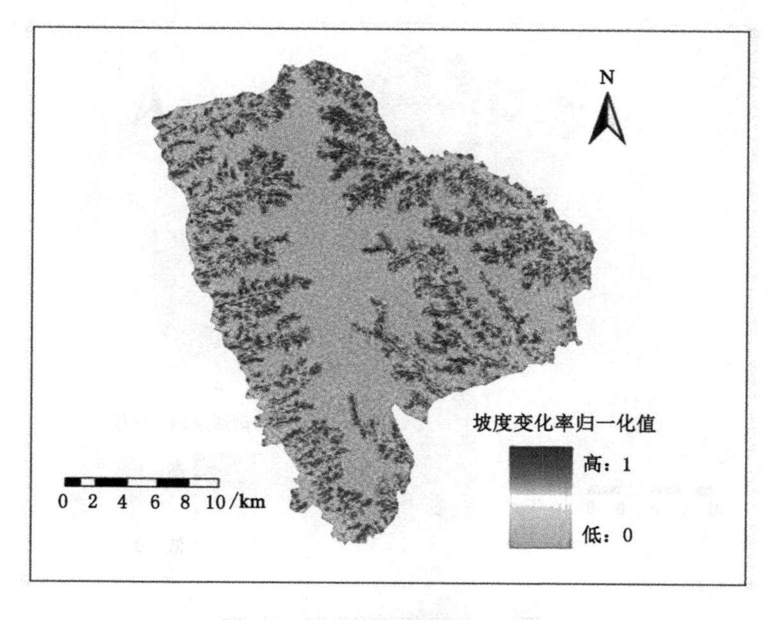

图 6-6　C5 坡度变化率归一化图

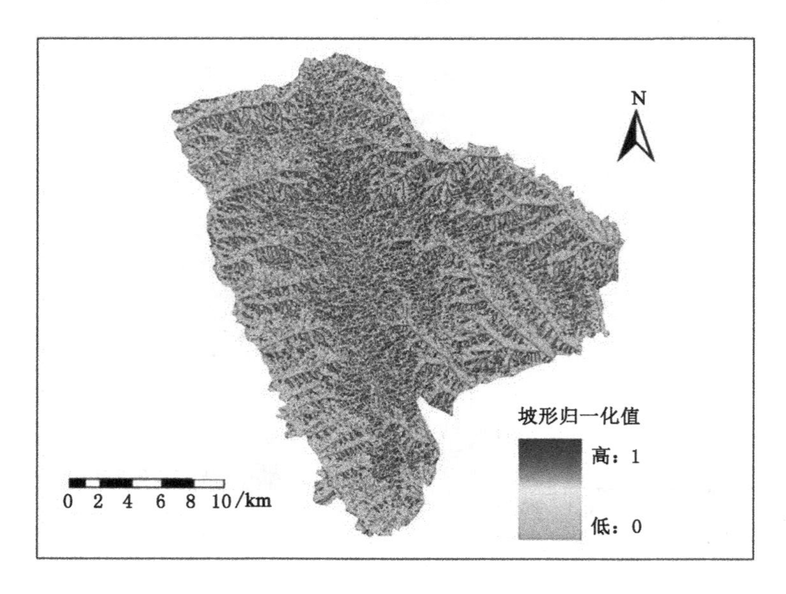

图 6-7 C6 坡形归一化图

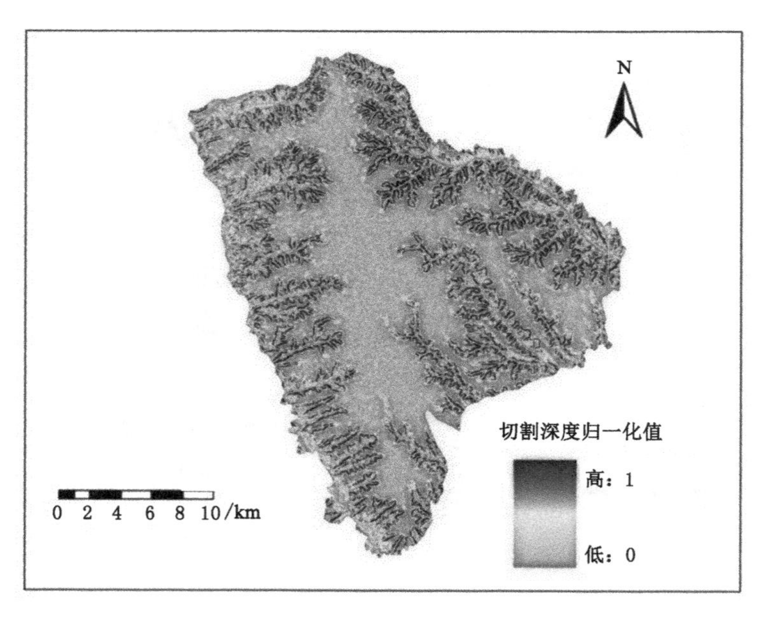

图 6-8 C7 切割深度归一化图

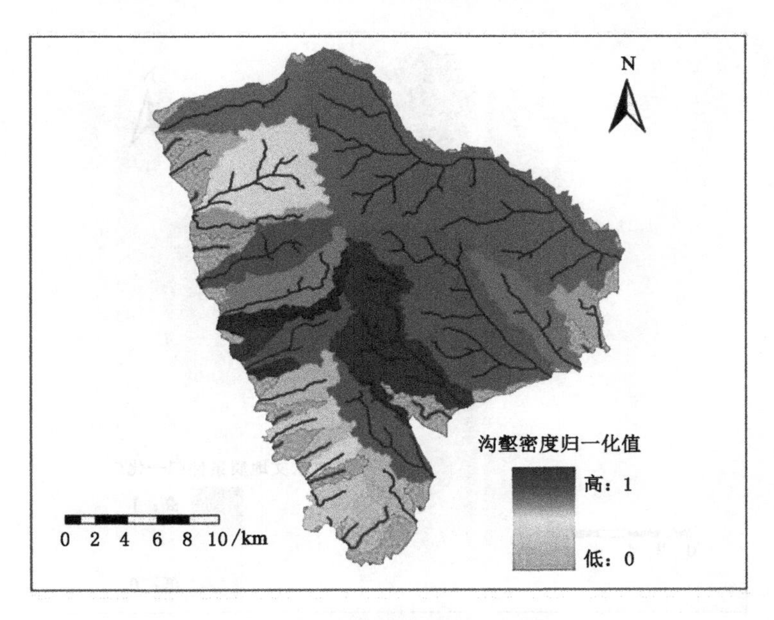

图 6-9　C8 沟壑密度归一化图

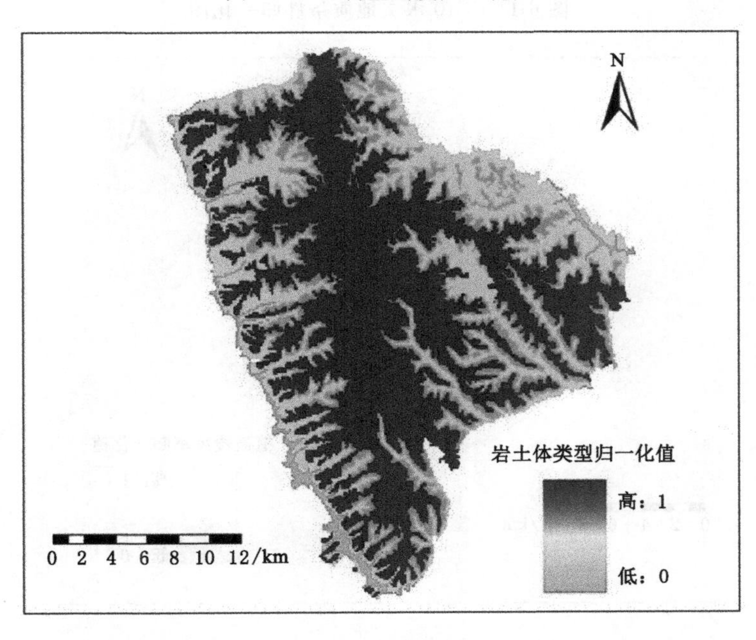

图 6-10　C9 岩土体类型归一化图

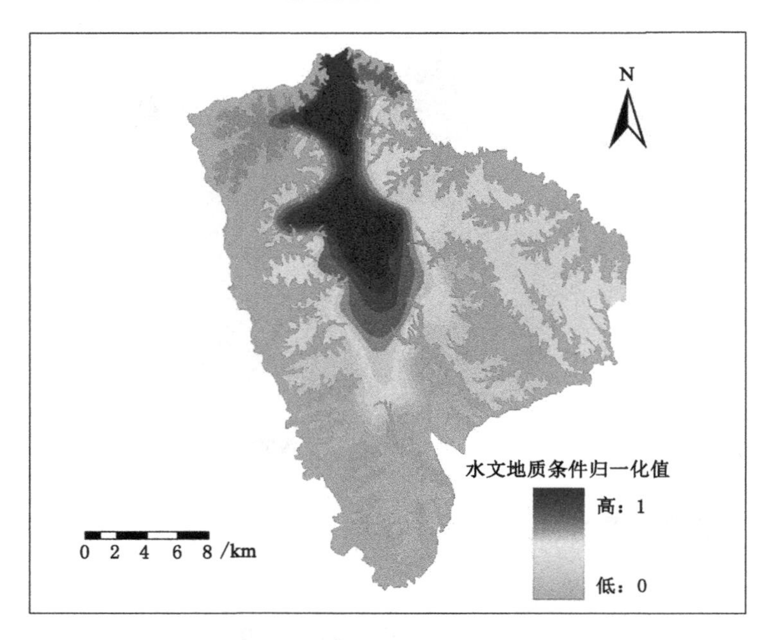

图 6-11　C10 水文地质条件归一化图

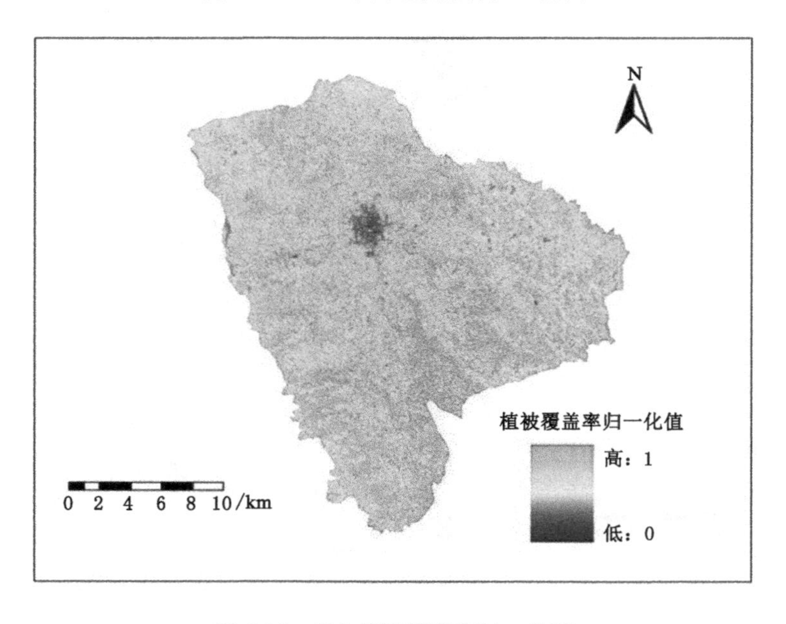

图 6-12　C11 植被覆盖率归一化图

① 坡度(C4)

利用工作区 1∶5 万 DEM 数据提取坡度数据。根据前文中的分析，由于调查区内滑坡、不稳定斜坡(潜在滑坡、崩塌)灾害主要分布于 10°～60°之间的斜坡，10°以下斜坡基本不发生滑坡、崩塌等灾害，因此本次评价将 60°以上斜坡的易发程度定义为 1，10°以下易发程度定义为 0，将坡度数据进行 0～1 之间的线性归一化，得到坡度归一化结果图。

② 坡度变化率(C5)

坡度变化率是对地形基本因子——坡度变化情况进行量化的指标，由于斜坡张拉应力区的分布与斜坡坡度呈正相关，因此随着斜坡坡度变化率增大的斜坡坡脚地带形成的最大剪应力也不断增大，斜坡也就越容易产生变形破坏。本次通过 DEM 对全区坡度变化率数据进行提取，进行 0～1 之间归一化处理之后参与评价。

③ 坡形(C6)

坡形可以利用地表的曲率进行描述和量化，直线形和凸形坡的曲率大于等于 0，凹形坡和阶梯形坡的曲率小于 0，因此，可利用 ArcGIS 平台从 DEM 数据中提取调查区地表曲率信息，然后进行斜坡坡形的归一化。由于滑坡主要发育在直线形坡和凸形坡上，因此，当曲率小于 0 时，坡面为凹形或阶梯形，易发程度最低；当曲率大于 0 时，坡面为直线形和凸形，易发程度较高，按照曲率的大小进行 0～1 之间的线性归一化，得到斜坡坡形指标归一化结果。

④ 切割深度(C7)

地形切割深度为平均高程与最小高程之差，它体现地形起伏程度和切割侵蚀强度，也侧面体现了沟谷的发育程度。前文已述及，切割深度相对于泥石流灾害而言与沟床比降显著相关，滑坡灾害也与坡高具有直接联系，因此综合选取了切割深度指标对地形因素进行评价。

⑤ 沟壑密度(C8)

沟壑密度是地形发育阶段和地表抗蚀能力的重要特征值，对地质灾害的发育有重要的影响作用。主要利用 ArcGIS 平台中的 Hydrology 工具集，基于工作区 1∶5 万 DEM 提取各流域单元的沟壑密度，主要步骤如下：

a. 对工作区 DEM 数据进行洼地填平。

b. 利用 GIS 水文分析，得到提取区域的水流方向矩阵、水流累计矩阵。

c. 给定不同集水阈值，将水流方向累计矩阵中高于此阈值的格网连接起来，得到矢量的沟壑网络。

d. 对上一步提取的不同集水阈值下的沟谷网络依据与实际形态的拟合程度进行对比分析，确定提取水文网和沟壑流域网络最终的集水阈值。

e. 利用上一步确定的集水阈值分别提取水文网和流域沟壑网络，并计算各流域的沟谷总长度和面积。

f. 依据得到的沟壑总长度和面积求得各流域的沟壑密度值。

g. 将各流域的沟壑密度进行归一化处理并转换为栅格数据参与评价。

⑥ 岩土体类型(C9)

根据区内不同岩土体类型对地质灾害发育的影响程度分级进行赋值(表 6-5)，之后进行栅格化和归一化处理。

表 6-5　西峰区岩土体类型分级赋值一览表

序号	工程地质岩组代号	工程地质岩组	赋值	所占比例/%	面积/km²
1	Q_3^{eol}	马兰黄土	4	50.46	505.08
2	Q_2	离石黄土	3	17.61	176.28
3	Q_1	午城黄土	2	28.75	287.8
4	K_1h、K_1lh	主要为砂岩、泥岩、粉砂岩岩组	1	3.18	31.76
合计				100	996.35

⑦ 水文地质条件(C10)

由于黄土节理裂隙发育，在斜坡地带，在原生节理和构造节理的基础上，发育了密集的风化、卸荷裂隙，甚至演化为黄土陷穴、落水洞。在暴雨过程中，降水汇集，沿节理、裂隙、陷穴、落水洞等通道快速下渗，在基岩之上形成局部上层滞水，甚至潜水。地下水活动通过对岩土体物理和水化学作用的相互作用，改变其结构性而影响岩土体的力学性能，降低了黄土强度，改变了坡体应力状态，常常触发斜坡变形失稳。据研究，当黄土含水量小于 18%时，黄土力学强度较高，坡体在直立的状态下也可保持稳定；但如果黄土含水量大于 20%，则强度降低很快，坡体稳定性亦变差。所以，地下水活动对斜坡变形失稳的影响作用十分明显。

⑧ 植被覆盖率(C11)

通过分析西峰区 ETM+遥感数据，选择近红外波段 4 和可见光红波段 3 进行计算求取植被指数 NDVI，之后将计算结果进行归一化处理参与评价。

(3) 诱发因子

区内地质灾害诱发因素主要为降雨、地震及人类工程活动三项，归一化成果如图 6-13～图 6-14 所示。

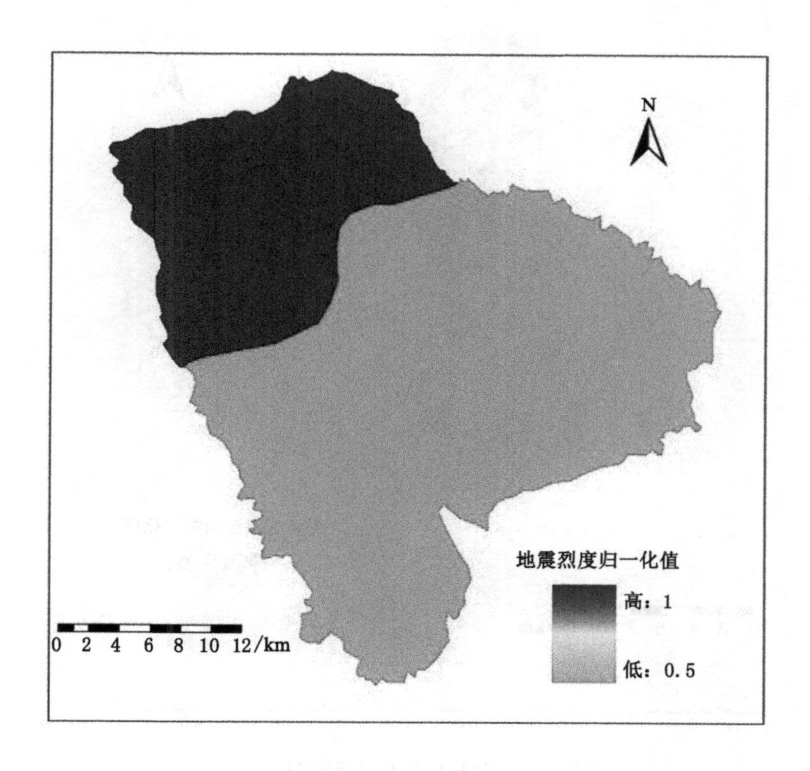

图 6-13　C13 地震烈度归一化图

① 降雨量(C12)

降雨是诱发因子中对地质灾害影响最大的一个因素，由于区内缺少较为翔实的降雨量资料，因此只能选取全区的多年平均降雨量参与易发性评价。

② 地震(C13)

调查区内新构造运动活跃，地震较为频繁，区内地震引发的滑坡等灾害也不在少数，因此将地震活动也作为一项评价因子进行考虑。本次评价主要通过地震烈度区划成果对栅格进行赋值计算。

③ 人类工程活动(C14)

人类工程活动对地质环境的影响是极为复杂的，区内对地质环境改造较为强烈的人类活动即为城市、村镇修建。本次评价将工作区内的城市、村镇范

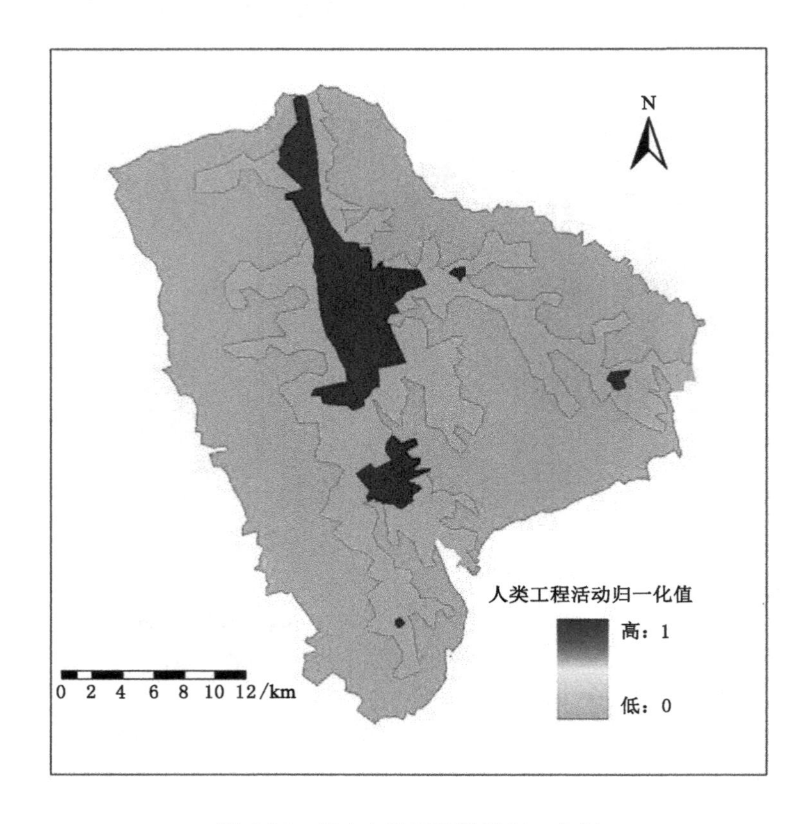

图 6-14 C14 人类工程活动归一化图

围作为基准线，间隔 250 m 做缓冲区分析，分别向两边做三个缓冲区，再经栅格化和归一化处理后参与评价。

6.1.3 易发程度等级划分

在上述评价指标分析和数据归一化的基础上，运用 ArcGIS 系统的栅格运算功能，将研究区各评价因子按照层次分析法所确定的权重进行信息叠加计算，从而得到西峰区地质灾害易发性定量计算成果栅格图（图 6-15）。经综合研究分析，从易发性评价计算结果中找出适宜的临界点作为易发程度分区界线值，将全区划分为低、中和高易发区，分级标准见表 6-6。

表 6-6　地质灾害易发程度区划评价分级表

序号	等级	分级区间	单元格数量	所占比例/%	面积/km²
1	低易发区	0.043 986～0.302 565	48	28.4	282.94
2	中易发区	0.302 565～0.492 158	39	22.64	225.6
3	高易发区	0.492 158～0.712 534	83	48.96	487.81
合计			170	100	996.35

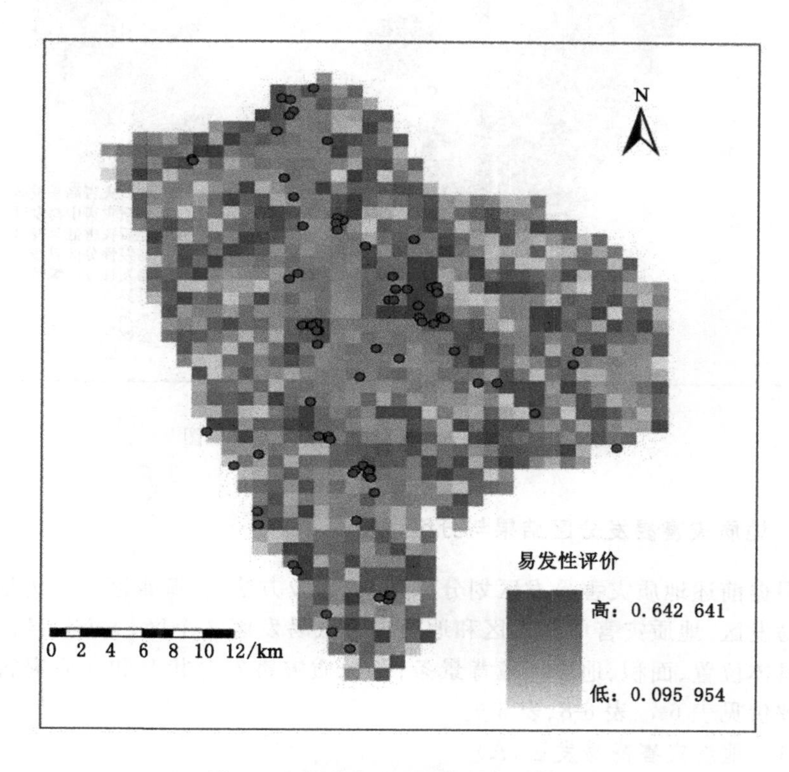

图 6-15　易发性定量计算成果栅格图

在定量计算分级分区的基础上，综合考虑各种因素，以“区内相似、区间相异”为原则，同时尽量考虑小流域的完整性，修改完善后最终形成甘肃省西峰区地质灾害易发程度分区图(图 6-16)。

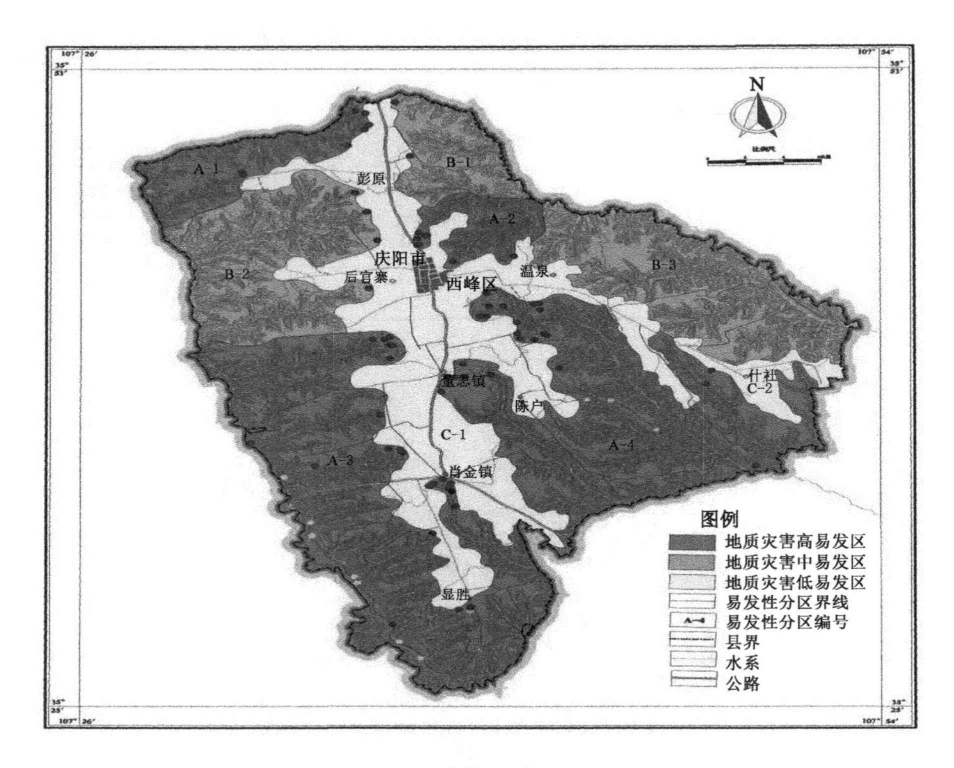

图 6-16　西峰区地质灾害易发程度分区图

6.1.4　地质灾害易发分区结果与分区评价

根据前述地质灾害易发区划分原则、依据及方法，将调查区划分为地质灾害高易发区、地质灾害中易发区和地质灾害低易发区 3 个区、9 个亚区。各亚区内具体位置、面积、地质环境背景条件、地质灾害发育状况和地质灾害易发程度评价见表 6-7、表 6-8、表 6-9。

6.1.4.1　地质灾害高易发区(A)

受地形地貌、人类工程活动、降雨、植被等因素的控制影响，地质灾害高易发区主要分布在西峰区西部和东南部黄土梁、峁、沟壑区及人类工程活动强烈的黄土塬冲沟边缘，主要为蒲河、盖家川及砚瓦川支沟侵蚀的地带，总面积 195.13 km^2，占全区总面积的 25.65%。行政区划上包括肖金镇、显胜乡、陈户乡和董志镇的大部分及城区、彭原乡、温泉乡、什社乡的部分地段。区内地质环境条件较差，地层岩性以黄土为主，沟壑发育，植被覆盖率低，人类活动较强

表 6-7 西峰区地质灾害易发性分区地质灾害基本情况一览表

易发性分区	代号	段名	面积/km²	地质灾害隐患点类型					点密度/(点/km²)	威胁人口/人	威胁财产/万元
				滑坡	地裂缝	泥石流	不稳定斜坡	总计			
高易发区(A)	A1	彭原西部	44.36	0	0	0	7	7	0.158	59	1 119
	A2	彭原-城区-温泉火巷沟	26.37	0	0	0	8	8	0.303	473	5 665.5
	A3	董志-肖金-显胜	191.3	1	1	7	25	34	0.177	884	5 153
	A4	肖金-董志-陈户-什社	225.78	0	3	0	21	24	0.106	364	2 885
		小计	487.81	1	4	7	61	73	0.150	1 771	14 783.5
中易发区(B)	B1	彭原东部	39.54	0	0	0	2	2	0.051	19	57
	B2	彭原西南部-后官寨	103.91	0	0	0	3	3	0.029	47	490
	B3	温泉东部-什社东北部	112.15	0	1	0	1	2	0.017	68	570
		小计	255.6		1	0	6	7	0.031	134	1 117
低易发区(C)	C	彭原-城区-董志-什社	252.93	0	0	0	0	0	0	0	0
		小计	252.93	0	0	0	0	0	0	0	0
合计			996.35	1	5	7	67	80	0.080	1 905	15 900.5

表 6-8 各亚区地质灾害稳定性(易发性)、险情及危险性等级一览表

分区	分区代号	稳定性或易发性			险情等级			危险情等级			总计
		不稳定（高易发）	基本稳定（中易发）	稳定（低易发）	大型	中型	小型	大	中	小	
高易发区	A1	4	3	0	0	4	3	2	4	1	7
	A2	1	7	0	1	5	2	1	5	2	8
	A3	11	17	6	0	20	14	3	18	14	34
	A4	2	22	0	1	11	12	1	13	10	24
	小计	18	49	6	2	40	31	7	39	27	73
中易发区	B1	1	1	0	0	1	1	1	1	0	2
	B2	1	2	0	0	2	1	1	1	1	3
	B3	1	1	0	0	2	0	1	1	0	2
	小计	3	4	0	0	5	2	3	3	1	7
低易发区	C	0	0	0	0	0	0	0	0	0	0
	小计	0	0	0	0	0	0	0	0	0	0
总计		21	53	6	2	45	33	10	42	28	21

表 6-9 西峰区地质灾害易发性分区说明简表

易发性分区	易发性亚区	位置	面积/km^2	占全县面积/%	地质环境条件	地质灾害现状	地质灾害发育程度评价
高易发区(A)	彭原西部区段(A1)	位于彭原乡西部，蒲河支流驿马关大沟南岸。行政区划上属彭原乡	44.36	4.45	该亚区地貌类型属黄土梁、峁、沟壑区，大部分被黄土披覆，仅黄土塬边缘底部出露下白垩系(K_1lh)砂岩和泥质。区内人口相对稀少，土地主要为农田、村庄和沟壑，植被覆盖率极低，在5%左右，水土流失严重，大型沟谷深切引发了一批斜坡类隐患点(集中在彭原乡义门村、周家寨村和邵家寺村)	该亚区共发育地质灾害7处，均为不稳定斜坡，灾害点密度为0.158处/km^2。其中，高易发(不稳定)的共4处，中易发(基本稳定)的共3处。地质灾害威胁对象主要为城镇、村庄、学校、农田及县乡公路等，威胁情况按险情等级划分为中型4处、小型3处；按危险性等级划分为危险性大的2处、危险性中的4处、危险性小的1处；现状威胁人口59人，威胁财产1 119万元	
	彭原-城区-温泉火巷沟区段(A2)	位于火巷沟及其支流北关沟两岸边缘，冲沟边缘人口集中居住区。行政区划上包括彭原乡东南、城区东北、温泉乡北部地段	26.37	2.65	该亚区地貌类型属黄土梁、峁、沟壑区与黄土塬过渡地段，大部分被黄土披覆，出露的地层主要有马兰黄土和离石黄土。区内人口集中，人类工程活动强烈，削坡建房、修路现象普遍，因土地紧缺，很多房屋建在冲沟边缘，存在安全隐患，植被覆盖率极低，在5%左右，水土流失严重，大型沟谷深切引发了一批斜坡类隐患点(集中在彭原乡三里沟圈村、火巷沟)	该亚区共发育地质灾害8处，均为不稳定斜坡，灾害点密度为0.303处/km^2。其中，高易发(不稳定)的共1处，中易发(基本稳定)的共7处。地质灾害威胁对象主要为城镇、村庄、学校、农田及县乡公路等，威胁情况按险情等级划分为大型1处、中型5处、小型2处；按危险性等级划分为危险性大的1处、危险性中的5处、危险性小的2处；现状威胁人口473人，威胁财产5 665.5万元	

表 6-9(续)

易发性分区	易发性亚区	位置	面积/km^2	占全县面积/%	地质环境条件	地质灾害现状	地质灾害发育程度评价
高易发区(A)	董志-肖金-显胜西部区段(A3)	位于蒲河东岸黄土梁峁区段。行政区划上包括董志镇、肖金镇大部和显胜乡的渭河南岸地段	191.3	19.20	该亚区地貌类型属黄土梁、峁、沟壑区和堆积侵蚀河谷区，黄土塬和梁峁大部被黄土披覆，地层主要有马兰黄土、离石黄土、午城黄土，冲沟底部出露白垩系(K_1lh)砂岩和泥质。区内人类工程活动强烈，主要表现为削坡建房、修路、开垦梯田，大量植被被破坏，植被覆盖率极低，在5%左右，水土流失严重，沟壑纵横，地形破碎，大型沟谷深切引发了一批斜坡类隐患点和泥石流(集中在后官寨乡司管寨村、董志镇野林村、肖金镇政府、显胜乡政府及蒲河河谷)	该亚区共发育地质灾害34处，包括泥石流7处、不稳定斜坡25处、滑坡1处、地裂缝1处，灾害点密度为0.177处/km^2。其中，高易发(不稳定)的共11处，中易发(基本稳定)的共17处，低易发(稳定)6处。地质灾害威胁对象主要为城镇、村庄、学校、农田及县乡公路等，威胁情况按险情等级划分为中型20处、小型14处；按危险性等级划分为危险性大的3处、危险性中的18处、危险性小的12处；现状威胁人口884人，威胁财产5 153万元	
	肖金-董志-陈户-什社区段(A4)	位于西峰区东南部的黄土梁、峁、沟壑区。行政区划上包括董志镇和陈户乡的大部地段及什社乡的西部地区	225.78	22.66	该亚区地貌类型属黄土梁、峁、沟壑区，黄土塬和梁峁大部被黄土披覆，地层主要有马兰黄土、离石黄土、午城黄土，冲沟底部出露白垩系(K_1lh)砂岩和泥质。区内人类工程活动强烈，主要表现为削坡建房、修路、开垦梯田，大量植被被破坏，植被覆盖率极低，在5%左右，水土流失严重，沟壑纵横，地形破碎，大型沟谷深切引发了一批斜坡类隐患点和泥石流(集中在董志镇北门村、郭堡村、崔沟村及陈户乡六年村、显胜乡六年村、什社乡庆丰村)	该亚区共发育地质灾害24处，包括不稳定斜坡21处、地裂缝3处，灾害点密度为0.106处/km^2。其中，高易发(不稳定)的共2处，中易发(基本稳定)的共22处。地质灾害威胁对象主要为城镇、村庄、学校、农田及县乡公路等，威胁情况按险情等级划分为大型1处、中型11处、小型12处；按危险性等级划分为危险性大的1处、危险性中的13处、危险性小的10处；现状威胁人口364人，威胁财产2 885万元	
	小计		487.81	48.96%			

表 6-9(续)

易发性分区	易发性亚区	位置	面积/km^2	占全县面积/%	地质环境条件	地质灾害现状	地质灾害发育程度评价
中易发区(B)	(B1)	位于西峰区东北部黄土梁、峁、沟壑区。行政区划上包括彭原乡东部地区	39.54	3.97	该亚区地貌类型属黄土梁、峁、沟壑区，大部被黄土披覆。区内人类工程活动强烈，土地主要为农田、村庄和沟壑，植被覆盖率低，在 8%左右，水土流失严重，沟壑纵横，地形破碎，大型沟谷深切引发了一批斜坡类隐患点(集中在彭原乡芦子村、上河村和下庄村)	该亚区共发育地质灾害 2 处，均为不稳定斜坡，灾害点密度为 0. 051 处/km^2。其中，高易发(不稳定)的共 1 处，中易发(基本稳定)的共 1 处。地质灾害威胁对象主要为城镇、村庄、学校、农田及县乡公路等，威胁情况按险情等级划分为中型 1 处、小型 1 处；按危险性等级划分为危险性大的 1 处、危险性中的 1 处；现状威胁人口 19 人，威胁财产 57 万元	
	(B2)	位于西峰区西部黄土塬边缘及黄土梁、峁、沟壑区。行政区划上包括彭原西南部和后官寨大部地区	103.91	10.43	该亚区地貌类型属黄土梁、峁、沟壑区，大部被黄土披覆。区内人类工程活动强烈，土地主要为农田、村庄和沟壑，植被覆盖率低，在 8%左右，水土流失严重，沟壑纵横，地形破碎，大型沟谷深切引发了一批斜坡类隐患点(集中在彭原乡芦子村、上河村和下庄村)	该亚区共发育地质灾害 3 处，均为不稳定斜坡，灾害点密度为 0.029 处/km^2。其中，高易发(不稳定)的共 1 处，中易发(基本稳定)的共 2 处。地质灾害威胁对象主要为城镇、村庄、学校、农田及县乡公路等，威胁情况按险情等级划分为中型 2 处、小型 1 处；按危险性等级划分为危险性大的 1 处、危险性中的 1 处、危险性小的 1 处；现状威胁人口 47 人，威胁财产 490 万元	

表 6-9(续)

易发性分区	易发性亚区	位置	面积/km^2	占全县面积/%	地质环境条件	地质灾害现状	地质灾害发育程度评价
中易发区(B)	(B3)	位于西峰区东南部黄土梁、峁、沟壑区。行政区划隶属于温泉乡东部、什社乡东部	112.15	11.26	该亚区地貌类型属黄土梁、峁、沟壑区，大部被黄土披覆。区内人类工程活动强烈，土地主要为农田、村庄和沟壑，植被覆盖率低，在8%左右，水土流失严重，沟壑纵横，地形破碎，大型沟谷深切引发了一批斜坡类隐患点(集中在温泉乡东部、什社乡东部)	该亚区共发育地质灾害2处，包括不稳定斜坡1处、地裂缝1处，灾害点密度为0.017处/km^2。其中，高易发(不稳定)的共1处，中易发(基本稳定)的共1处。地质灾害威胁对象主要为城镇、村庄、学校、农田及县乡公路等，威胁情况按险情等级划分为中型2处；按危险性等级划分为危险性大的1处、危险性中的1处；现状威胁人口68人，威胁财产570万元	
	小　计		255.6	25.66			
低易发区(C)	马河-通安驿北部区段(C1)	位于西峰区黄土塬区腹地。行政区划隶属城区大部，彭原乡、董志镇、肖金镇、温泉乡、什社乡部分地区	252.93	25.38	区内地质环境较好，断裂构造不发育，地貌类型属黄土塬区，地形宽阔平坦，全区被大面积黄土层覆盖，是西峰区主要的人口居住区和耕地区	调查期间未发现可能产生危害的地质灾害隐患点	
	小　计		252.93	25.38			
	合　计		996.35	100			

烈，地质灾害隐患点密集，历史上曾多次发育滑坡、泥石流灾害，造成较大的人员伤亡和财产损失。依据地质环境条件、地质灾害发育特征并结合行政区划进一步划分为四个亚区，分别为：

（1）彭原西部不稳定斜坡高易发亚区（A1）。

（2）彭原-城区-温泉火巷沟不稳定斜坡高易发亚区（A2）。

（3）董志-肖金-显胜泥石流、不稳定斜坡及滑坡高易发亚区（A3）。

（4）肖金-董志-陈户-什社不稳定斜坡、地裂缝高易发亚区（A4）。

6.1.4.2 地质灾害中易发区（B）

该区分布于彭原东部、后官寨、温泉东部及什社东北部，占西峰区总面积的34.3%，该区地质环境条件较脆弱，不稳定斜坡、地裂缝等地质灾害中等发育。依据地质环境条件、地质灾害发育特征并结合行政区划进一步划分为三个亚区，分别为：

（1）彭原东部不稳定斜坡中易发亚区（B1）。

（2）彭原西南部-后官寨不稳定斜坡中易发亚区（B2）。

（3）温泉东部-什社东北部不稳定斜坡中易发亚区（B3）。

6.1.4.3 地质灾害低易发区（C）

该区位于西峰区中部及东南部黄土塬和黄土残塬区，面积361 km^2，占西峰区总面积的15%。主要为蒲河和马莲河支沟侵蚀残存的黄土塬。行政区划位于彭原中部、城区、董志中部、肖金北部、显胜中北部、温泉西部及什社中部，隶属于7个乡镇。本区地处黄土塬腹地，人口密度较大，是区内主要的人口居住区，塬面沟壑不发育，地形相对完整，开阔平坦。地质环境条件破坏程度轻，地质灾害隐患点分布少、规模小、低易发。但随着人类工程建设和冲沟的溯源侵蚀等对地质环境的破坏，将引发水土流失等一系列的地质环境问题，甚至导致地质灾害的发生，应引起重视。依据地质环境条件、地质灾害发育特征并结合行政区划进一步划分为两个亚区，分别为：

（1）彭原中部-城区-温泉西部-董志中部-肖金北部-显胜低易发亚区（C1）。

（2）什社中南部低易发亚区（C2）。

6.2 地质灾害危险区划分及分区评价

危险是指遭到损害的可能，危险的定性表达即危险性；危险的定量表达即为危险度，是危险程度的简称，是灾害发生的时间概率、成灾范围及活动强度的综合反映。本节首先从西峰区地质灾害易损性（主要指人口、财产密度）评价入手，定性划分西峰区各区段的人口和财产密度，结合上节的易发性分区，将两者进行叠加，得出各区段的危险性，进行地质灾害危险性评价，确定地质灾害活动频率，圈定地质灾害危害范围，划分危害强度，获得各评价单元的危险性指数（危险度），最后进行危险性分区并编制地质灾害危险性分区图。

6.2.1 地质灾害易损性划分

6.2.1.1 概念与评价模型的建立

易损性是指地质灾害危险区内单个或一系列承灾体受损毁的概率和难易程度。具体表现为社会经济系统对地质灾害的响应，用受灾体对灾害活动的敏感程度与承受能力来度量。社会经济的易损性由受灾体自身条件和社会经济条件所决定，前者主要包括受灾体类型、数量和分布情况等；后者包括人口分布、城镇布局、厂矿企业分布、交通通信设施等。该部分易损性模型的建立主要参考甘肃省国土资源厅《重要城镇地质灾害调查与风险区划技术导则（1∶5 000～1∶10 000）》。

受灾体损毁程度和价值损失率除了与受灾体抗破坏能力有关外，主要受地质灾害危害范围和危害强度控制，二者呈明显的正比例关系，即地质灾害的危害范围越大、危害强度越高、受灾体损毁越严重，价值损失率越高。

地质灾害的社会经济易损性评估指标体系可简略概括为生命损失、财产损失、社会经济损失和资源与环境损失四部分。生命损失和财产损失称为直接损失，而社会经济损失和资源与环境损失称为间接损失。鉴于地质灾害详查的精度，本次只针对直接损失，即生命损失和财产损失进行统计和评价。生命损失和财产损失与受威胁区的人口密度和财产多少有关。通常情况下，人口越多、财产价值越高，对灾害的反应越灵敏，受灾害危害的程度越高。

（1）生命损失

地质灾害对生命的威胁是最严重的，人员伤亡一般分为轻伤、重伤、死亡。轻伤：指因灾受伤，但经治疗能基本痊愈，并恢复生产能力。重伤：指因灾受伤，或致残，永久失去生产能力。死亡：指因灾害直接造成死亡。

（2）财产损失

在本区，地质灾害对财产的破坏主要包括：房屋建筑、公路、铁路、桥梁、生命线工程（包括供水管线、排水管线、输变电线路、供气道线、通信线路等）、水利工程（如巴家咀水库）、生活与生产构筑物、室内外设备及物品等。

资产破坏的程度一般分为轻度损坏、中等损坏、严重损坏。轻度损坏：确定为价值损失率0～30%，平均15%；中等损坏：价值损失率30%～70%，平均50%；严重损坏：价值损失率70%～100%，平均85%。这些数据可作为灾害评估的参考值，具体应用时可根据实际情况在区间内取值，在难以获取实际资料的情况下，可采用平均值。

6.2.1.2　社会经济易损性评估方法

地质灾害的易损程度用生命损失、财产损失两个指标构成的易损性指数来量度，指数值越大，则社会经济易损性越高。

首先对整个区域进行单元划分（以人口分布为线进行划分），然后通过计算每个地质环境分区单元的易损性指数，根据易损指数进行社会经济易损性分区，做出整个调查区的社会经济易损性分区图。

单个地质灾害评价单元易损性值的计算：

$$Y_{损j}=\sum_{j=1}^{2}x_{ij}$$

式中　$Y_{损j}$——j单元的易损性值；

x_{i1}——j单元的生命损失指标，用人口密度代替，人/km^2；

x_{i2}——j单元的财产损失指标，用财产密度代替，万元/km^2。

(1) 生命损失

生命损失用人口密度来代替。人口密度越高，地质灾害危害造成的生命损失可能越大。对调查区人口密度的调查由于没有大量的流动人口，因此主要采用社会资料收集法和预测计算法。其中，社会资料收集法是通过收集西峰区历年统计年鉴，得出县城、乡镇和居民点的常住人口数，从而得出该单元的人口密度；预测计算法是根据全区发展规划预测计算人口密度的新方法，适合于县城和重要乡镇所在地未来人口预测，其人口密度可用下式计算：

$$X_{j(t)}=\frac{\xi\cdot A_j}{S_j}$$

式中　$X_{j(t)}$——j单元到t年的预测计算人口密度值，人/km^2；

ξ——单位规划居住用地人口密度，人/m^2；

A_j——j单元的规划居住用地面积，m^2；

S_j——j单元的面积，m^2。

其中：

$$\xi=\frac{M_t}{S_t}$$

式中　M_t——到t年的城镇规划人口总数，人；

S_t——到 t 年的城镇规划用地总数，m^2。

根据《庆阳市西峰区土地利用总体规划说明（2009—2020 年）》中的人口预算和城镇规划，到 2015 年全区人口 48.40 万人，城镇人口 32.69 万人，城镇建设用地 14 586.7×10^4 m^2；到 2020 年全区人口 58.49 万人，城镇人口 49.49 万人，城镇建设用地 15 535.87 ×10^4 m^2。

（2）财产损失

财产损失用财产密度来代替。财产密度越高，地质灾害造成的财产损失可能越大。对调查区财产密度的调查主要采用现场调查为主、社会资料收集和预测计算为辅的方法。现场调查法是根据当地不同财产类型的造价、现场调查不同财产类型的数量，得出调查单元的总资产，除以该单元的面积，即为该单元的财产密度。存在地质灾害威胁区段的此项工作在前面进行经济损失评估时已进行了统计。社会资料收集法主要收集各个单位的固定资产价值，计算出单元的财产密度。调查时没有统计的财产通过此法计算完成。预测计算法是用于预测县城规划后财产的密度分布，根据现阶段的不同建筑物的造价，科学合理地预测县城及乡镇规划后的单元财产密度。预测计算公式如下：

$$X_{j(t)} = \frac{K \cdot \sum_{i=1}^{n} a_{ij} \cdot B_{ij}}{S_j}$$

式中 $X_{j(t)}$——j 单元到 t 年的预测财产密度值，万元/km^2；

a_{ij}——j 单元 i 类财产单价（造价）；

B_{ij}——j 单元 i 类财产数量；

n——j 单元内财产种类数量；

S_j——j 单元的面积，m^2；

K——财产增长系数，$K=1+\beta$，β 为财产增长率，β 值的大小可根据城镇以往多年财产增长曲线来获得，也可以用当地 GDP 的增长率来代替。

6.2.1.3 易损性评估因子归一化计算处理

$$Y_{损ij} = \frac{y_{ij}}{Y_{ij\max}}$$

式中 $Y_{损ij}$——j 单元第 i 个评估因子归一化值；

y_{ij}——j 单元第 i 个评估因子值；

$Y_{ij\max}$——j 单元第 i 个评估因子的最大值。

根据 $Y_{损ij}$ 值的大小将 j 单元第 i 个评估因子易损程度分为四级：$Y_{损ij} \geqslant 0.75$ 时为高易损；$0.50 < Y_{损ij} < 0.75$ 时为中易损；$0.25 < Y_{损ij} \leqslant 0.50$ 时为低易损；$Y_{损ij} \leqslant 0.25$ 时为不易损。

6.2.1.4　易损程度 $Y_{损j}$ 数字化

根据评估因子易损程度的等级，按表 6-10 赋值，即高易损区、中易损区和低易损区分别赋值 4、3、2。

表 6-10　社会经济易损程度取值表

因素	易损程度划分		
	高易损区(得分)	中易损区(得分)	低易损区(得分)
人口密度	4	3	2
财产密度	4	3	2

在评估单元中，有两种或两种以上评估因子赋值为 4 时，则 $Y_{损j}$ 取值为 5；其余情况，$Y_{损j}$ 取评估因子赋值(4、3、2)中的最大值。

6.2.1.5　社会经济易损性分区

根据易损程度计算值，对调查区进行社会经济易损性分区，标准见表 6-11。

表 6-11　社会经济易损分区表

易损程度指标	高易损区	中易损区	低易损区
易损程度 $Y_{损j}$	$3.5 \leqslant Y_{损j} < 5$	$2.5 \leqslant Y_{损j} < 3.5$	$1.5 \leqslant Y_{损j} < 2.5$

6.2.1.6　地质灾害社会经济易损性分区结果

根据以上方法，经过从人口密度、财产密度两方面的分区计算，在此基础上经整修形成西峰区地质灾害易损性分区图(图 6-17)。

6.2.2　地质灾害危险性划分方法

6.2.2.1　分区原则

(1) 同样坚持“以人为本”的原则，在地质灾害易发性分区的基础上，充分考虑区内地质灾害威胁的人口数量及可能造成的直接经济损失。

(2) 依据重要地质灾害点危险性评估与预测结果，结合地质灾害危害程

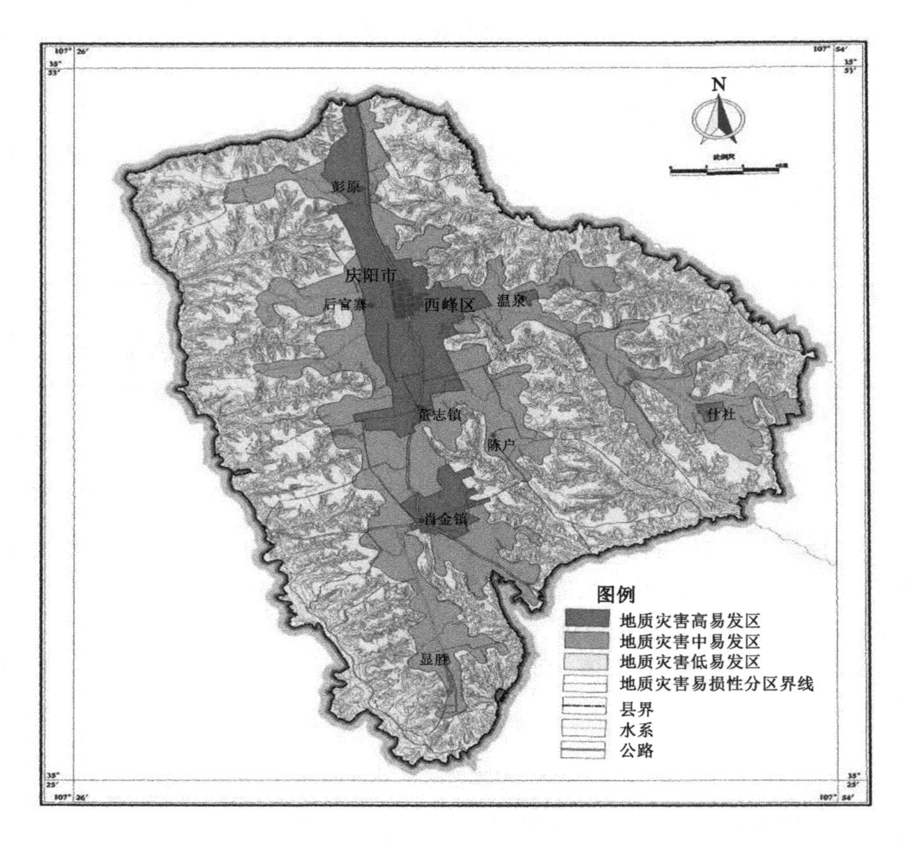

图 6-17　西峰区地质灾害易损性分区图

度与灾情分级。

(3) 定性分析和量化指标相结合的原则。在定性分析的基础上,采用量化指标(危险性指数)划分地质灾害危险区。

6.2.2.2　分区流程

(1) 在全区地质灾害易发性、易损性分区的基础上,对不同区进行重新赋值,然后通过对地质灾害易发程度指标值和社会经济易损程度指标值叠加计算得出每个分区数字化的地质灾害危险性指数 $W_{危}$。

(2) 选择地质环境分区的典型代表单元(包括县城、乡镇、居民点等不同地质环境条件下受危害对象不同的重要地质灾害点),采用历史灾情法和工程地质类比法确定典型代表单元的灾害危险性等级,分析研究与地质灾害危险性指数的对应关系，确定本区地质灾害危险等级的灾害危险指数分界值（即地质灾害危险性等级阈值 $W_{阈}^{大}$、$W_{阈}^{小}$）。

（3）根据灾害危险性指数分界值和单元地质灾害危险性指数进行全区地质灾害危险性分区，做出本区地质灾害危险性分区初图。

（4）根据不同区段地质灾害类型及发育特征，在预测其危害范围的基础上，整修形成地质灾害危险性分区图。

6.2.2.3 分区方法

（1）地质灾害危险性指数计算

运用地理信息系统（GIS）平台，对地质灾害的易发性和易损性进行叠加，计算出每个分区单元的地质灾害危险性指数，公式如下：

$$W_{危j} = a_1 \cdot Y_{易j} + a_2 \cdot Y_{损j}$$

式中 $W_{危j}$——j 评价单元的地质灾害危险性指数；

$Y_{易j}$——j 评价单元的地质灾害易发程度指标值；

$Y_{损j}$——j 评价单元的地质灾害易损程度指标值；

a_1——地质灾害易发性权重；

a_2——地质灾害易损性权重。

其中，易发性权重值 a_1 和易损性权重值 a_2 的确定方法为：分析西峰区地质灾害历史灾情，对近 60 年造成重大损失的地质灾害的地质环境条件、气候环境、人为因素等进行综合考虑，并本着“以人为本”的原则，最后综合确定二者叠加的权重值。地质灾害易发性指数的权重 a_1 取 0.4，地质灾害易损性指数的权重 a_2 取 0.6。

另外，地质灾害易发性指数 $Y_{易}$ 取值与地质灾害易发性区划对应（表 6-12）；地质灾害易损性指数 $Y_{损}$ 取值与地质灾害易损性区划对应（表 6-13）。

表 6-12 地质灾害易发性指数取值表

易发区划分	高易发区	中易发区	低易发区
灾害易发程度 $Y_{易}$	3	2	1

表 6-13 地质灾害易损性指数取值表

易损区划分	高易损区	中易损区	低易损区
灾害易损程度 $Y_{损}$	3	2	1

（2）危险性等级阈值的确定

经过对本区地质环境分区单元$W_{危}$计算值与董志镇、肖金镇、显胜乡等部分地段典型地质灾害危险性等级进行对比分析，确定区内地质灾害危险性等级的灾害危险性指数分界值（地质灾害危险性等级阈值$W_{阈}^{大}$为2.4、$W_{阈}^{小}$为1.8），即：

$W_{危j}\geqslant 2.4$　　地质灾害危险性大

$1.8\leqslant W_{危j}<2.4$　　地质灾害危险性中等

$W_{危j}<1.8$　　地质灾害危险性小

6.2.3 地质灾害危险性分区及评价

根据以上方法，在地质灾害易发性分区和地质灾害易损性分区的基础上，计算出各分区单元的危险性指数$W_{危j}$。按确定的阈值，以GIS为平台，形成地质危险性分区初图，并结合定性分析，分区时主要考虑地质灾害隐患点的分布、历史灾情、地质灾害威胁人口数量及直接经济损失预估等综合因素，将工作区地质灾害危险性分为三个区，即地质灾害危险性大区（Ⅰ）、危险性中等区（Ⅱ）和危险性小区（Ⅲ），并进一步细划为14个亚区（图6-18），各危险区及亚区基本特征见表6-14。

6.2.3.1 地质灾害危险大区（Ⅰ）

该区主要分布于黄土塬边缘与黄土残塬梁、峁区冲沟边缘，总面积112.18 km²。区内地质环境条件较差，大厚度黄土层覆盖，区内人口密度大，人类活动强烈，主要表现为坡顶修房建屋、修建公路及开垦荒地、水利工程等人类活动。

区内地质灾害点密集，共计地质灾害点总数为60处，占调查区地质灾害总数的72.5%。地质灾害类型主要为不稳定斜坡、滑坡和地裂缝。其中，不稳定斜坡58处，滑坡1处，地裂缝1处。危险性评价中危险性大的共计7处，危险性中的共计35处，危险性小的共计18处。地质灾害隐患点密度为0.514 2处/km²，威胁人口密度为11.0人/km²，经济损失预估为104.6万元/km²。

依据地质环境条件、地质灾害发育特征、危害情况并结合行政区划进一步划分为7个亚区，分别为：

（1）彭原-城区西侧危险性大亚区（Ⅰ1）。

（2）城区东侧危险性大亚区（Ⅰ2）。

（3）温泉南侧危险性大亚区（Ⅰ3）。

表 6-14　西峰区地质灾害危险性分区简表

危险性分区	亚区名称及代号	地质灾害概况										合计
		地质灾害特征及危害状况	滑坡/处			地裂缝/处			不稳定斜坡/处			
			危险性大	危险性中	危险性小	危险性大	危险性中	危险性小	危险性大	危险性中	危险性小	
地质灾害危险性大区（Ⅰ）	彭原-城区西侧（Ⅰ1）	地质灾害为 9 处不稳定斜坡，现状共威胁人口 95 人，威胁财产 1 587 万元	0	0	0	0	0	0	2	5	2	9
	城区东侧（Ⅰ2）	地质灾害为 8 处不稳定斜坡，现状共威胁人口 473 人，威胁财产 5 665.5 万元	0	0	0	0	0	0	1	5	2	8
	温泉南侧（Ⅰ3）	地质灾害为 14 处不稳定斜坡，现状共威胁人口 268 人，威胁财产 1 137 万元	0	0	0	0	0	0	1	8	5	14
	什社西侧（Ⅰ4）	地质灾害为 2 处不稳定斜坡，现状共威胁人口 10 人，威胁财产 80 万元	0	0	0	0	0	0	1	1	0	2
	董志-陈户（Ⅰ5）	地质灾害为 3 处不稳定斜坡，现状共威胁人口 78 人，威胁财产 1 600 万元	0	0	0	0	0	0	0	2	1	3
	董志-肖金西侧（Ⅰ6）	地质灾害为 12 处不稳定斜坡，现状共威胁人口 182 人，威胁财产 733 万元	0	0	0	0	0	0	3	9	0	12
	肖金-显胜（Ⅰ7）	地质灾害以不稳定斜坡为主，其次为滑坡和地裂缝，共发育地质灾害隐患点 12 处，现状共威胁人口 127 人，威胁财产 904 万元	0	0	1	0	0	1	0	5	5	12

表 6-14(续)

危险性分区	亚区名称及代号	地质灾害概况										合计
		地质灾害特征及危害状况	滑坡/处			地裂缝/处			不稳定斜坡/处			
			危险性大	危险性中	危险性小	危险性大	危险性中	危险性小	危险性大	危险性中	危险性小	
地质灾害危险性中区(Ⅱ)	彭原西部(Ⅱ1)	地质灾害有不稳定斜坡1处,现状共威胁人口11人,威胁财产22万元	0	0	0	0	0	0	1	0	0	1
	彭原-城区-董志-温泉-什社(Ⅱ2)	地质灾害以不稳定斜坡为主,其次为地裂缝,共计隐患点9处,现状共威胁人口122人,威胁财产787万元	0	0	0	0	0	3	2	4	0	9
	董志-肖金-显胜西部(Ⅱ3)	地质灾害以不稳定斜坡为主,共发育地质灾害隐患点10处,现状共威胁人口510人,威胁财产3 954万元	0	0	1	0	1	7	0	2	0	10
地质灾害危险性小区(Ⅲ)	后官寨西部(Ⅲ1)	现状无地质灾害隐患点发育	0	0	0	0	0	0	0	0	0	0
	彭原-温泉-什社东部(Ⅲ2)	现状无地质灾害隐患点发育	0	0	0	0	0	0	0	0	0	0
	董志-陈户(Ⅲ3)	现状无地质灾害隐患点发育	0	0	0	0	0	0	0	0	0	0
	董志-肖金-显胜区(Ⅲ4)	现状无地质灾害隐患点发育	0	0	0	0	0	0	0	0	0	0
	肖金东南部区(Ⅲ5)	现状无地质灾害隐患点发育	0	0	0	0	0	0	0	0	0	0

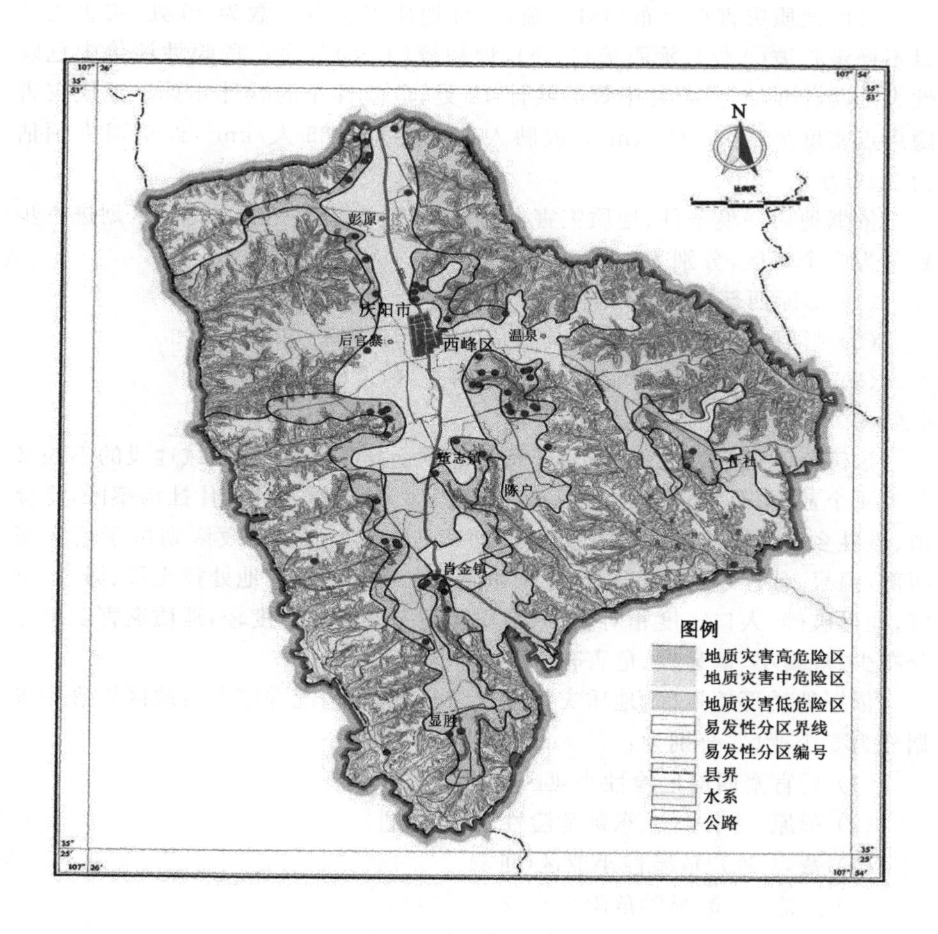

图 6-18　西峰区地质灾害危险性分区图

(4) 什社西侧危险性大亚区(Ⅰ4)。

(5) 董志-陈户危险性大亚区(Ⅰ5)。

(6) 董志-肖金西侧危险性大亚区(Ⅰ6)。

(7) 肖金-显胜危险性大亚区(Ⅰ7)。

6.2.3.2　地质灾害危险中等区(Ⅱ)

该区分布于地质灾害危险性大区的外围,面积 521.53 km²。该区地质环境条件脆弱,岩体破碎,岩层软硬相间。区内人口密度相对较小,人类活动较为强烈,主要表现为开垦荒地、修建公路、切坡建房及水利工程等。

区内地质灾害点分布相对稀疏，共计地质灾害点总数为20处，灾害类型以不稳定斜坡(9处)、泥石流(7处)、地裂缝(4处)为主。危险性评价中危险性大的共计3处，危险性中等的共计12处，危险性小的共计4处。地质灾害隐患点密度为0.036处/km^2。威胁人口密度为0.25人/km^2，经济损失预估为2.14万元/km^2。

依据地质环境条件、地质灾害发育特征、危害情况并结合行政区划进一步划分为3个亚区，分别为：

(1) 彭原西部危险性中等亚区(Ⅱ1)。

(2) 彭原-城区-董志-温泉-什社危险性中等亚区(Ⅱ2)。

(3) 董志-肖金-显胜西部危险性中等亚区(Ⅱ3)。

6.2.3.3　地质灾害危险性小区(Ⅲ)

该区位于西峰区北部、东北部及东部黄土丘陵区，依据区域地段的不同又分为4个亚区，分别位于西峰区、后官寨西部区，彭原、温泉、什社沟壑区，肖金镇、显胜乡黄土塬区，陈户黄土塬区，面积418.4 km^2。行政区划位于后官寨西部，温泉、什社东部、陈户、肖金镇和显胜乡南部。本区地处黄土梁、峁、沟壑区，地形破碎，人口密度相对较小，地质环境条件破坏程度轻，地质灾害隐患点分布少、规模小、低易发、危害轻。

依据地质环境条件、地质灾害发育特征、危害情况并结合行政区划进一步划分为5个亚区，分别为：

(1) 后官寨西部危险性小亚区(Ⅲ1)。

(2) 彭原-温泉-什社东部危险性小亚区(Ⅲ2)。

(3) 董志-陈户危险性小亚区(Ⅲ3)。

(4) 董志-肖金-显胜危险性小亚区(Ⅲ4)。

(5) 肖金东南部危险性小亚区(Ⅲ5)。

6.3　地质灾害气象预警

地质灾害气象预警是指在一定地质环境和人为活动背景条件下，受气象因素的影响，某一地域、地段或地点在某一时间段内发生地质灾害的可能性大小。它是真实世界遭受损失可能性的一种状态，而不是真实发生的一种状况。

通过调查分析，西峰区地质灾害的控制与影响因素中，降雨和人类工程活动是最为活跃的触发因素。在人类工程活动强烈地段，地质灾害尤为发育，降雨成为触发地质灾害最重要的影响因素。所以，通过气象预报，可有效开展滑坡、崩塌和泥石流等地质灾害预警。

6.3.1　气象预警的目的

地质灾害气象预警的目的：建立符合本区实际情况的突发性地质灾害预警预报数学模型、预警预报系统、预警信息发布平台，灾害发生前 24 h 能够进行预警识别，并通过有关渠道及时发布预警信息，研究成果应用于相关地域地质灾害监测和预警预报实际工作中。

6.3.2　气象预警的主要内容

地质灾害气象预警的主要内容：在充分考虑地质背景条件的基础上，根据降雨条件，对降雨诱发的突发性、群发型的滑坡、不稳定斜坡、泥石流及地裂缝等地质灾害发生的空间范围和时间范围及其发生的可能性程度进行预测，并通过电视、电台、互联网等媒体将预测结果向社会发布。

6.3.3　气象预警的形式和方法

地质灾害气象预警的对象是降雨诱发的区域性、突发性、群发型崩塌、滑坡、泥石流等地质灾害。

地质灾害气象预警是对地质灾害发生的时间和空间进行预警。空间预警是比较明确地划定在一定条件下、一定时间段内地质灾害将要发生的地域或地点；时间预警是在空间预警的基础上，针对某一具体地域，给出地质灾害在某一时段内或某一时刻将要发生的可能性大小。

地质灾害气象预报预警的时间段为每年的主汛期，即每年的 6 月 1 日至 9 月 30 日。

地质灾害气象预警的发布时效：发布 3～6 h 的地质灾害警报。

6.3.4　气象预警的级别

根据国土资源部和中国气象局的要求，自 2013 年 5 月起，气象与国土资源两部门将原有“地质灾害气象预报预警业务”调整为“地质灾害气象风险预警业务”。将各级地质灾害五级气象等级预报预警调整为地质灾害四级气象风险预警，具体见表 6-15。

表 6-15　地质灾害气象风险预警级别说明表

气象部门 风险预警级别	国土部门 地质灾害预警级别	地质灾害 发生风险大小	预报形式
Ⅰ级	红色预警	很高	1. 由各级国土、气象部门联合县防汛指挥部签发地质灾害气象风险预警信息，并通过手机、电视、广播、网络等媒体及时向社会公众发布风险预警信息。 2. 地质灾害易发区通过信息员和手机、大喇叭、电子显示屏等方式及时告知居民
Ⅱ级	橙色预警	高	
Ⅲ级	黄色预警	较高	
Ⅳ级	蓝色预警	低	不预报

结合调查区实际情况，将预警级别划分为三级，分别是Ⅰ级红色预警、Ⅱ级橙色预警和Ⅲ级黄色预警。各级预警区界线不是绝对的，只是按照地质灾害易发性、危险性分区和现有的有限气象资料概略划分，实际的使用过程中需要各部门配合完善分区范围和预警级别。

6.3.5　地质灾害气象预警区划

地质灾害气象预警是对地质灾害发生的时间和空间进行预警。本小节运用工程地质灾害实例调查法、比拟法、灾害与降雨频率分析法等方法初步对西峰区进行地质灾害易发时间和发生敏感区进行划分。

6.3.5.1　地质灾害易发时间

西峰区地处半干旱大陆性气候区，具有季风及黄土高原气候的双重特点，全年降水集中，冬春多干旱，夏秋雨水较多，暴雨多集中在7—8月，暴雨频率高、强度大、历时短，加之黄土塬表面平坦，冲沟发育，容易引发坡体失稳和泥石流。调查资料表明，西峰区泥石流多属暴雨性泥石流，降水为泥石流的主要触发因素。

据西峰区气象站实测资料，西峰区历年出现局部大暴雨日和出现地质灾害多发生在盛夏期(7—9月)，是年内雨量最集中段。区内的80%以上灾害均由大雨至暴雨以上降水引发，强降水过程与地质灾害发生对应关系非常清晰。时间分布上主要时段是5—8月。其中，5月出现1次，7月出现2次，8月出现4次，此期间是一年中雨量最集中时段(汛期)，约占年降水量的64%。资料统计表明，7月是暴雨发生最多月，是防御地质灾害关键的1个月。

6.3.5.2　地质灾害空间预警分区

（1）临界雨量的确定

西峰区泥石流发生的临界降水量目前没有专门研究，可用的统计资料较少。本次临界雨量的分析方法主要采用比拟法。调查结果表明，西峰区日降雨量大于等于 50 mm 的暴雨日数较少，平均每年才出现 0.2～0.9 次，但强度意义上的暴雨次数却很多，考虑到这只是对单点逐年历时最大雨量的特征值进行分析，加之暴雨的局地性等，调查区实际每年平均强度暴雨要超过 10 次。强暴雨的日际变化明显，午后到前半夜出现强暴雨的概率约为 75%，后半夜至上午出现的概率较小，约为 25%。分析认为，强暴雨很容易引发地质灾害，其中长时间暴雨(24 h)引发率最高，约为 80%以上。

对比分析本区降水特征和地质灾害发生的关系，我们根据西峰区有记录发生地质灾害时的最小降雨量，结合强暴雨标准、西峰区的实际情况及相关研究结果(1 h 降雨量≥20 mm 或 3 h 降雨量≥25 mm 且 24 h 降雨量≥30 mm；6 h 降雨量≥25 mm；24 h 降雨量≥60 mm；连续多日降雨，且 24 h 降雨量≥10 mm)，本区地质灾害的成灾雨强确定为：24 h 降雨量≥60 mm 和 1 h 降雨量≥25 mm。以上界线值综合确定了西峰区的临界雨量，即地质灾害气象预警的临界降雨量。鉴于调查区目前气象资料严重不足，加之西峰区各乡镇气象监测站有限，本区地质灾害临界降雨量的确定只能参考已有研究成果和邻近地区的研究成果，按经验来概略确定，仅供参考，以待今后健全气象预警系统后再不断补充和完善。

（2）气象预警分区

地质灾害气象预警区划是在地质灾害危险性区划的基础上，根据降雨特征，对全区进行气象预警分区。

① 日降雨量≥60 mm 条件下的预警区划

本降雨量级别在预警气象中相对降雨强度为最小，三级预警区划分布情况如图 6-19 所示。

Ⅰ级预警区的范围较小，分布较分散，主要分布于以下地段：

a. 彭原-城区-后官寨-董志-肖金西部黄土塬边缘地段。

b. 彭原-城区-董志-陈户东部-什社西部-肖金-显胜黄土塬边缘地段。

c. 北石窟寺-毛寺村蒲河河谷地段。

以上区域人口密度大，人类工程经济活动强烈，地质灾害极为发育，地质灾害隐患点密度高，主要灾种为滑坡和不稳定斜坡，且灾害的发生与降雨关系密切。据资料记载，只要这些地方存在降雨，就必将会形成规模大小不一的不

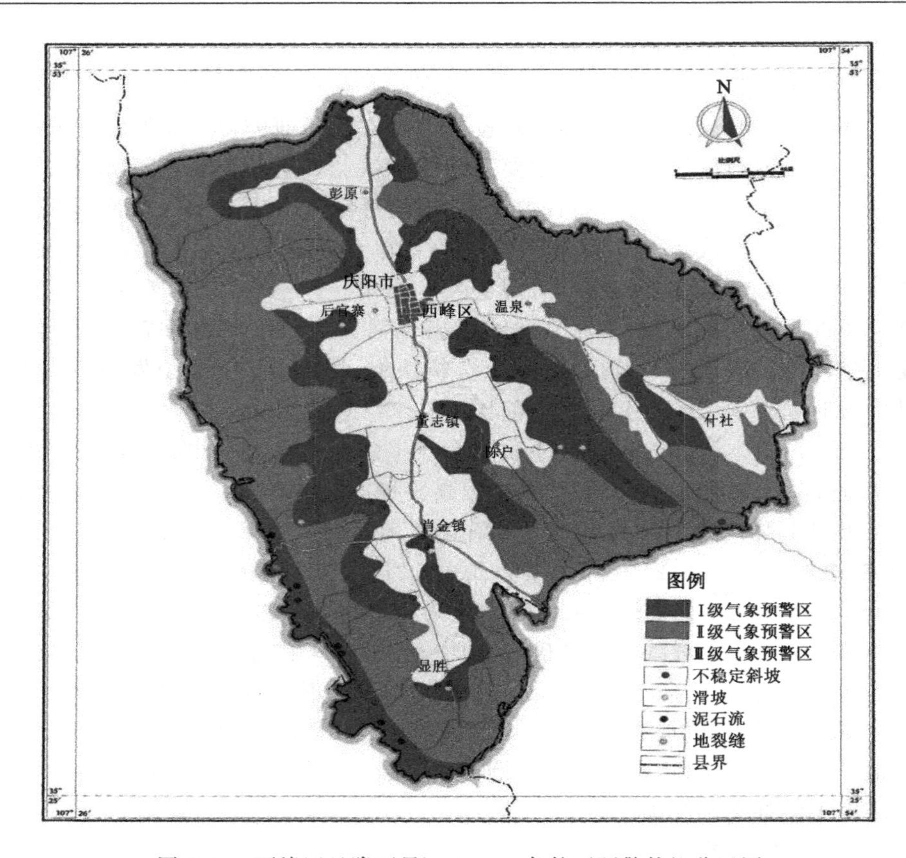

图 6-19　西峰区日降雨量≥60 mm 条件下预警等级分区图

稳定斜坡。这些区域都是西峰区地质灾害的高易发区。

Ⅱ级预警区位于Ⅰ级预警区外围，包括三个地段：

a. 董志塬西部黄土梁、峁、沟壑地区。

b. 董志塬东南部黄土梁、峁、沟壑地区。

c. 董志塬东北部黄土梁、峁、沟壑地区。

以上区域主要为黄土梁、峁、沟壑区，地质环境条件较差，人类切坡建房、耕植等工程活动较强烈，水土流失严重，地质灾害较为发育，主要灾种为不稳定斜坡灾害。

Ⅲ级预警区位于Ⅰ、Ⅱ级预警区外围，区域上分布于完整的黄土塬面地区，区内地形平坦宽阔，地质环境条件较好，地质灾害轻微发育。

② 1 h 降雨量≥25 mm 条件下的预警区划

本降雨量级别在预警气象中相对降雨强度为中等，三级预警区划分布情况如图 6-20 所示。

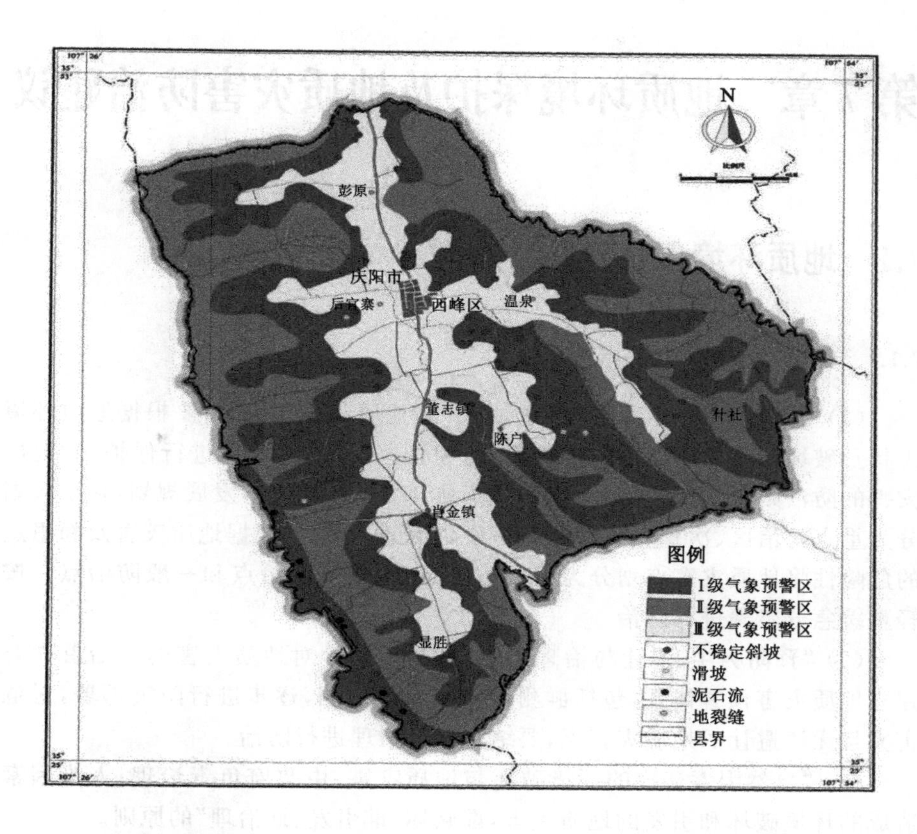

图 6-20　西峰区 1 h 降雨量≥25 mm 条件下预警等级分区图

第7章　地质环境保护及地质灾害防治建议

7.1　地质环境保护与防治原则

7.1.1　总体原则

（1）“全面规划、突出重点”的原则。对地质环境的保护，要根据地质环境现状及破坏可能产生后果的严重程度，划分主次，有重点地进行保护；对地质灾害的防治则要根据危险性分区成果，结合当地社会经济发展规划，将全区划分为重点防治区、次重点防治区和一般防治区。同时，根据地质灾害及隐患点的危险性将地质灾害点划分为重点防治点、次重点防治点和一般防治点。按轻重缓急分步骤进行防治。

（2）“预防为主、避让与治理相结合”的原则。对地质灾害的防治首先要建立地质灾害预警体系，包括群测群防和专业监测，逐步进行防灾部署，对危害大且无法避让的地质灾害点，要结合工程治理进行防治。

（3）“自然因素造成的环境破坏与地质灾害，由政府负责治理；人为因素造成的环境破坏和引发的地质灾害，谁破坏、谁引发、谁治理”的原则。

（4）“地质环境保护与地质灾害防治相结合”的原则。区内自然环境条件较差，局部地段水土流失较严重。对本区地质灾害防治要与地质环境保护相结合，以地质环境保护为基础，大力推广和落实退耕还林工作，保护现有植被，逐步减弱地质灾害形成因素。通过做好区域环境保护工作，从源头着手，减轻和防止地质灾害的发生，达到防治的目的。

（5）“工程措施与生物措施相结合”的原则。本区地质灾害工程治理措施和生物治理措施同样重要，工程措施如拦挡坝、排导渠可以直接保护人民生命财产安全。而生物措施通过恢复植被、保护地质环境条件，能有效控制和减弱地质灾害的发生。只有两者相互结合，才能达到预期效果。

（6）“安全第一、经济合理”的原则。对地质灾害的防治，在满足保护人民群众生命财产安全需要的同时，更加经济、科学地进行地质灾害的防治。

（7）“统一管理、分工协作”的原则。区政府和区国土局相关主管部门负责全区地质环境保护与地质灾害防治的组织、协调、指导和监管工作。区其他有关部门按照各自的职责负责相关的保护与防治工作。

（8）“立足现在、兼顾未来”的原则。以现今地质环境条件和地质灾害发育状况为基础，结合今后国民经济和社会发展规划，规划长远保护与防治对策。

7.1.2　总体目标

（1）根据地质灾害分布特点和危害特征，建立与当地经济发展相适应的，包括群测群防、专业监测、预警预案落实、防治施工和小流域综合治理与恢复等在内的地质灾害防治体系，逐步消除地质灾害的影响和危害。

（2）建成有效的群专结合的地质灾害监测网络和信息系统，在地质灾害防灾减灾和应急处理上能够切实起到信息引导的作用。

（3）加大地质灾害工程治理力度，借助甘肃省地质灾害防治体系的建设，从根本上消除稳定性差、危害严重的地质灾害隐患点的威胁；提高基础调查程度，达到风险管理目标。将地质灾害防治从过去零散的、被动的、盲目的状况转变为有组织的、主动的和有预见性的局面。通过规划实施，基本消除大型地质灾害的威胁，灾害防御能力大幅度提高。

7.2　地质环境保护对策建议

地质环境问题的存在，除了有其发育的内在自然因素外，人类活动的影响不可忽视，全区因切坡建房、修路、陡坡耕植等人类工程活动对地质环境破坏较为严重，导致区内地质环境更为脆弱，泥石流、滑坡等地质灾害发育，水土流失十分严重。尤其在蒲河及马莲河支沟盖家川、砚瓦川、齐家川等两岸，人类活动最为强烈，引发、加剧的地质灾害及破坏生态环境的现象尤为严重。根据区内地质环境现状，结合西峰区经济建设与社会发展规划，建议具体应从以下几个方面入手：

（1）保护地质环境与开发地质环境资源相结合

地质环境资源是经过漫长地质年代的产物，是大自然给予人类最珍贵的礼物，包括矿产、特殊的地质景观等，这些地质环境资源是不可再造和地区特有的，保护好这些资源对社会的持续发展和对当地地质环境的持续性研究和认识显得非常宝贵。

滑坡、不稳定斜坡、泥石流是自然灾害，它们经常以破坏者的身份出现在人们面前，对人类造成的影响极其恶劣。其实，它们也属地质遗迹，同样存在利用价值，只要认真研究，对我们认识这一自然现象会有很大帮助。对地质灾害的形成条件、机制和稳定性的研究分析以及灾害的防护、治理等也是一种地质环境的科学资源，因地制宜地对其进行认识、预防、治理也是对资源的保护。

（2）分区逐步进行地质环境恢复治理

区域地质环境的保护除了做好管理工作外，还要结合当地经济发展与地质环境的区域性特征，应分区域、急缓、重轻，注意流域的完整性，有计划地进行防护与治理。

治理工作应以“生物工程为主、工程治理为辅”的原则，先选择条件合适的小流域，集中人力、财力进行治理。技术路线上可考虑从上游做起，逐步向中下游推进，在滑坡、泥石流发育的小流域，要与治理地质灾害相结合进行规划，把工作做实，务必在小流域内达到预期目标，然后开展下一个小流域。这样经过步步推进式的小流域治理，即能恢复本区植被，减轻水土流失，又能减少地质灾害发生，为地方经济发展创造一个良好的生存环境。

7.3 防治分区建议

7.3.1 地质灾害防治分区原则

（1）“遵循地质灾害发育规律，充分与国民经济发展规划相结合”的原则

以地质灾害易发分区为基础，结合西峰区国民经济区域总体布局，将地质灾害中易发区同时又是中心城镇、工农业集中布置区划分为重点防治区，地质灾害低易发区、地质灾害不易发区划分为一般防治区。

（2）“便于防治实施和行政管理”的原则

防治区的划分首先应保持小流域的完整性，以便于小流域综合规划治理；其次要考虑乡镇次一级的行政划分，方便于行政组织管理。各乡镇应根据总体防治规划，结合本乡（镇）境内的地质灾害隐患点编制防治实施计划。

（3）“防治分期与灾害隐患点治理的紧迫性相适应”的原则

对各地质灾害隐患点的治理安排，要结合灾害隐患点的危害、威胁程度和紧迫性进行分期。防治工程近期、中期、远期规划必须与国民经济发展水平同步，规划治理资金投入与国家、省、区财力为限度。保证集中有限的人力、财

力、物力治理当前、近期危害较大的地质灾害隐患点。

(4)“防治措施的选择和经济能力相匹配”的原则

地质灾害防治措施有监测预警、工程及生物等措施,具体选择防治措施时必须针对地质灾害隐患点所处的地质环境条件、主要诱发因素和危害、险情等级、地质灾害隐患点的危险程度等选择防治措施。同时,选择治理规模、治理方案时,要充分考虑国家、地方财政能力和筹集资金的可能性。

7.3.2 分区方法与要求

(1) 根据野外实地调查的地质灾害分布、规模特征、危险及危害程度,确定防治规划分区和重点防治地段。

(2) 根据地质灾害的类型、形成因素和影响范围,稳定性或易发程度及发展趋势等确定分区界线。对于泥石流灾害,一般包括全流域,或者综合考虑流域内松散物质分布及植被覆盖率等确定分区界线;对于滑坡,不仅要考虑其自身的稳定性、影响范围,还要考虑形成滑坡的原始斜坡环境,特别是滑坡后缘影响范围内的稳定性。

(3) 根据西峰区城镇、村寨分布及工程经济建设布局,结合发展规划内的工程建设项目,将严重影响城镇、村寨及重要工程设施的地质灾害点纳入重点防治区或作为防治的重点地段。

(4) 地质灾害防治是一项系统性工程,因此当乡镇间地质背景条件类似、地域上相连时,可将其归并到一个防治区。

依据上述原则、方法与要求,将西峰区地质灾害防治分区划分为三个等级,即:重点防治区(A)、次重点防治区(B)和一般防治区(C),如图7-1所示。

7.3.3 防治规划分区及评价

7.3.3.1 重点防治区(A)

重点防治区规划总面积211.69 km^2,占全区面积的21.1%,共发育有地质灾害点61处,占调查区地质灾害点总数的76.25 %,灾害点密度平均0.288个/km^2。受威胁人数1 323人,威胁资产12 314.5万元。依据地质条件、灾害类型及地貌、区域关联性等划分为A1～A3等3个重点防治亚区(表7-1),分别为彭原西-后官寨-董志西区段(A1)、彭原东-城区-温泉-陈户区段(A2)、肖金-显胜区段(A3)。区内地质环境条件较差,人口密集,人类工程活动强烈,植被覆盖率低,地质灾害隐患点密集分布。

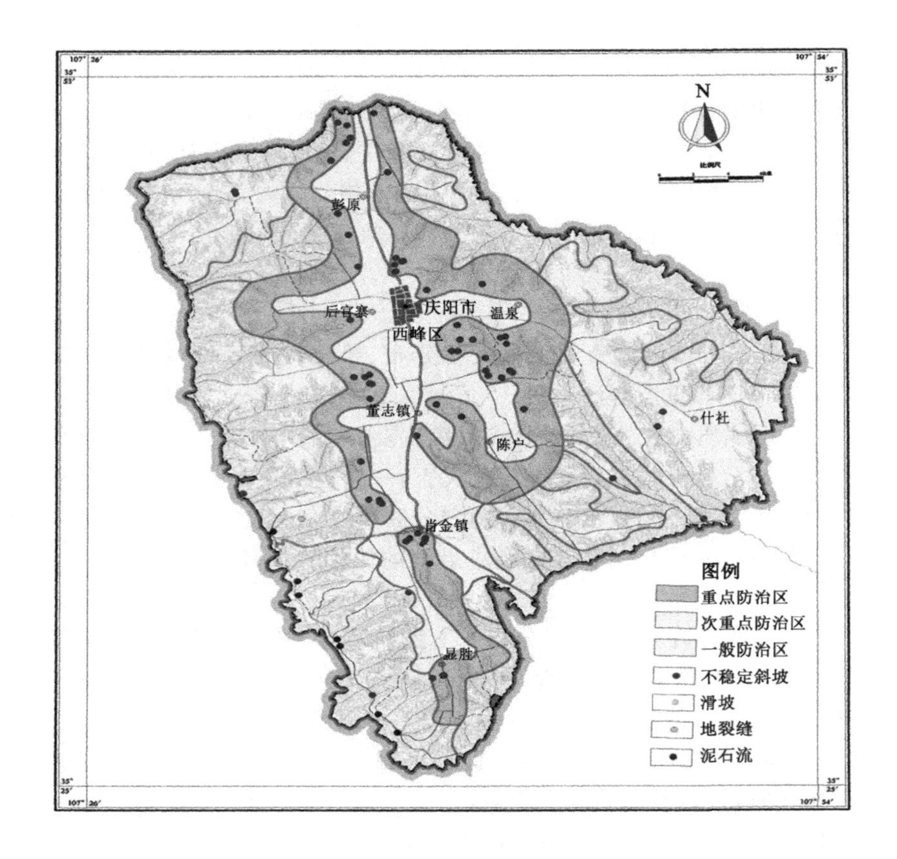

图 7-1　西峰区地质灾害防治分区图

表 7-1　重点防治区(A)规划表

代号		A1	A2	A3
区段位置		彭原西-后官寨-董志西	彭原东-城区-温泉-陈户	肖金-显胜
面积/km^2		70.28	112.62	28.79
调查地质灾害隐患点		21	28	12
平均点密度/(个/km^2)		0.299	0.248	0.417
威胁人口	人数	339	856	128
	人/km^2	4.82	7.60	4.44

表 7-1(续)

	代号	A1	A2	A3
威胁财产	财产/万元	2 823	8 559.5	932
	万元/km²	40.17	76.00	32.37
近期防治	灾害隐患点	5	8	3
	威胁人口	125	618	875
	威胁财产/万元	763	7 734	1 790
	重点防治点	3	3	0
	次重点防治点	2	4	2
	一般防治点	0	1	1
	专业监测点	2	4	1
	群测群防点	3	4	2
中期防治	灾害隐患点	8	11	8
	威胁人数	55	152	70
	威胁财产/万元	1 206	508	591
	重点防治点	2	6	0
	次重点防治点	6	3	3
	一般防治点	14	8	5
	专业监测点	0	0	0
	群测群防点	8	11	8
远期防治	灾害隐患点	8	9	0
	威胁人数	159	86	0
	威胁财产/万元	854	317.5	0
	重点防治点	2	0	0
	次重点防治区	5	5	0
	一般防治点	1	4	0
	专业监测点	0	0	0
	群测群防点	8	9	0

(1) 彭原西-后官寨-董志西重点防治亚区(A1)

该区地处西峰区中西部，面积 70.28 km²。本亚区共发育有地质灾害 21 处，平均点密度 0.299 个/km²。其中，以不稳定斜坡(20 处)为主，其次为地裂缝(1 处),包括近期防治点 5 处,中期防治点 8 处,远期防治点 8 处;重点防治点 7 处,次重点防治点 13 处,一般防治点 1 处;专业监测点 2 处,群测群防点 19 处。区内地质环境条件较差,人类工程活动较强烈。地表覆盖大面积第四系上更新统马兰黄土,沟侧出露第四系中更新统离石黄土和第四系下更新统午城黄土,工程地质性质较差,地貌类型属黄土塬与黄土梁峁区的过渡地段,地形破碎,沟壑发育,坡度 22°～35°,植物稀疏,水土流失严重。对彭原乡、后官寨和董志镇等的乡镇驻地、村寨、道路和耕地构成直接威胁。本区受威胁人数共计 339 人,威胁资产 2 823 万元。

(2) 彭原东-城区-温泉-陈户重点防治亚区(A2)

该亚区位于西峰区中东部,面积 112.62 km^2。规划区共发育有灾害隐患点 28 处,均为不稳定斜坡,平均点密度 0.248 个/km^2,包括近期防治点 8 处,中期防治点 11 处,远期防治点 9 处;重点防治点 3 处,次重点防治点 17 处,一般防治点 8 处;专业监测点 4 处,群测群防点 24 处。主要威胁对象为乡镇、村寨、县乡道路和耕地。本区受威胁人数共计 856 人,威胁资产 8 559.5万元。

(3) 肖金-显胜重点防治亚区(A3)

该亚区位于西峰区南部,面积 28.79 km^2。规划区共发育有灾害隐患点 12 处,平均点密度 0.417 个/km^2。其中,以不稳定斜坡(10 处)为主,其次为滑坡(1 处)和地裂缝(1 处),包括近期防治点 3 处,中期防治点 9 处;次重点防治点 5 处,一般防治点 7 处;专业监测点 1 处,群测群防点 11 处。主要威胁对象为乡镇、村寨、县乡道路和耕地。本区受威胁人数共计 128 人,威胁资产 932 万元。

7.3.3.2 次重点防治区

次重点防治区规划总面积 438.32 km^2,占全县面积的 39.8%,共发育有地质灾害点 17 处,占调查区地质灾害点总数的 21.25%,平均点密度 0.039 个/km^2。受威胁人数 349 人,威胁资产 2 349 万元。依据地质条件、灾害类型及地貌、区域关联性等划分为 B1～B5 等 5 个次重点防治亚区(表 7-2),分别为彭原西部蒲河东岸区段(B1)、后官寨-董志-肖金-显胜蒲河东岸区段(B2)、彭原东部区段(B3)、温泉东部-什社区段(B4)及陈户-肖金东部区段(B5)。区内地质环境条件较差,地形破碎,沟壑纵横,人口相对密集,人类工程活动较强烈,植被覆盖率较低,地质灾害分布较密集。

表 7-2　次重点防治区(B)规划表

代号		B1	B2	B3	B4	B5
区段位置		彭原西部蒲河东岸	后官寨-董志-肖金-显胜蒲河东岸	彭原东部	温泉东部-什社	陈户-肖金东部
面积/km²		49.04	199.92	17.59	122.42	49.35
调查地质灾害隐患点		2	11	0	3	3
平均点密度/(个/km²)		0.041	0.055	0	0.245	0.061
威胁人口	人数	9	518	0	2	0
	人/km²	0.184	2.59	0	0.221	0
威胁财产	财产/万元	39	3 004	0	130	50
	万元/km²	0.795	15.026	0	1.062	1.013
近期防治	灾害隐患点	1	10	0	2	2
	威胁人口	9	518	0	25	0
	威胁财产/万元	30	2 954	0	80	40
	重点防治点	0	0	0	0	0
	次重点防治点	0	3	0	3	0
	一般防治点	1	7	0	0	2
	专业监测点	1	2	0	0	0
	群测群防点	1	8	0	3	2
中期防治	灾害隐患点	0	26	0	1	1
	威胁人数	0	181	0	2	0
	威胁财产/万元	0	325	0	50	10
	重点防治点	0	2	0	0	0
	次重点防治点	0	6	0	0	1
	一般防治点	0	18	0	1	0
	专业监测点	0	0	0	0	0
	群测群防点	0	26	0	1	1
远期防治	灾害隐患点	1	0	0	0	0
	威胁人数	0	0	0	0	0
	威胁财产/万元	9	0	0	0	0
	重点防治点	0	0	0	0	0
	次重点防治点	1	0	0	0	0
	一般防治点	0	0	0	0	0
	专业监测点	0	0	0	0	0
	群测群防点	1	0	0	0	0

7.3.3.3 一般防治区

一般防治区规划总面积 346.34 km^2，占全县面积的 34.76%，无地质灾害点发育。依据地质条件、灾害类型及地貌、区域关联性等划分为 C1～C4 等 4 个一般防治亚区，分别为城区-董志-肖金黄土塬区段(C1)、彭原-后官寨沟壑区段(C2)、温泉东-什社东沟壑区段(C3)及陈户-肖金沟壑区段(C4)。本区地质环境条件较简单，村寨分布零散，人口稀少或无人居住，梯田改造良好，地质灾害点极少，成灾隐患点稀少。

7.4 地质灾害防治方案

7.4.1 主要任务

根据地质灾害防治方案部署，主要任务为：

(1) 建立群测群防网络。危险区居民尚未搬迁和地质灾害尚未彻底治理之前，对危害、威胁严重的地质灾害点进行监测。全区共计划安排 80 处地质灾害隐患点进行监测，其中专业监测点 10 处，群测群防点 70 处。

(2) 生物措施方案。加强水土保持工作，治本清源。在采取工程治理措施的同时，广泛采用种草种树、退耕还林还草、绿化荒山荒坡等生物工程措施，稳固土壤，控制水土流失，从而有效控制地质灾害的发生发展。

(3) 搬迁避让方案。对于危害对象比较少、搬迁成本低的 40 处地质灾害隐患点，建议充分利用退耕还林、退耕还草工程及小城镇、新农村建设资金，结合区内具体情况，选择适宜居住地，将受威胁的人民群众有组织地迁出，保护群众生命财产安全。

(4) 群专结合的预警预报系统。坚持专业队伍与群众相结合、技术与行政并重的方针，动员全社会力量，创建简便易行的监测方法和一些容易操作的群众监测措施。

(5) 普及地质灾害防治知识。提高广大群众的灾害意识是防灾、减灾的有效方法之一，因此，加强对监测人员的技术培训，提高工作能力，组织广大群众学习地质灾害防治知识，提高群众的防灾减灾意识，有效预防地质灾害发生。

7.4.2　搬迁避让方案

7.4.2.1　目的与原则

在地质灾害易发区内实施地质灾害避让搬迁工程，是"防灾减灾"体系中主动避灾的重要举措，尤其是针对丘陵、山地区内遭受地质灾害隐患严重威胁的村寨、学校工矿企业乃至城镇等，应优先论证避让搬迁的可行性和经济技术可比性。

(1) 搬迁工程必须按照先进行隐患点调查核实、安置区选址评价，在编制实施方案的基础上，再按轻重缓急分步组织实施的工作程序开展。

(2) 安置区选择与评价必须遵从"地质环境安全，水土资源保障，生活环境适宜"的原则。

(3) 搬迁安置工程分步实施必须以地质灾害隐患避让的紧迫性为首要依据，优先安排紧迫的和较紧迫的搬迁区，统筹兼顾紧迫性一般的搬迁区。

(4) 在搬迁工程的实施过程中，应对灾害前已列入搬迁规划，但在震后其房屋被破坏的居民，列入灾后重建规划，进行统一安置。

(5) 搬迁安置工程应与灾后恢复重建总体规划相协调，做到"搬得出，稳得住，能发展"。

7.4.2.2　搬迁安置

对于西峰区部分地质灾害隐患点而言，"避让"是最优的选择，因其威胁的往往只是一个村、组或几户人家；受泥石流、滑坡等地质灾害威胁的村庄，其居住条件本身较差，又无重要公共设施，威胁的资产少，易于搬迁避让；与工程治理费用相比所需费用较低。

根据上述原则从80处地质灾害隐患点中选取40处灾害点所威胁人口且依据灾害隐患点的危险性实施分期搬迁避让，其中不稳定斜坡38处、地裂缝1处、滑坡1处。需总搬迁人口551人。

7.4.3　群测群防网络建设方案

健全西峰区地质灾害重点区段及重大地质灾害点的地质灾害监测网络、信息系统和预警预报系统体系。

7.4.3.1　群专结合的地质灾害监测体系建设

建立以群测群防为主、辅以专业监测的地质灾害监测体系，即建立由西峰区级监测网、乡镇监测网、村组监测网及地质灾害隐患监测点构成的网络体系，在专业技术人员的指导下，在专业监测设备的支撑下，通过巡查、监测，掌握地质灾害点的变形情况,在出现临灾征兆时进行临灾预报;建立地质灾害调查与监测数据库及信息系统,并及时更新完善,实现灾害信息的网上实时发布。

限于专业人员短缺,因此对特大型、大型地质灾害隐患点进行专业监测,对中型、小型地质灾害隐患点要充分发挥群众的力量进行监测预警。

(1) 地质灾害监测点的选取原则

① 危险性大、不稳定或易发性高、成灾概率高、灾情严重的。

② 对集镇、村庄、工矿、景点及重要居民点人民生命财产安全构成严重威胁的。

③ 历史上造成严重损失,目前仍在活动的。

④ 威胁公路、水利、通信、电力等主要生命干线工程的。

⑤ 威胁重大基础建设工程的。

(2) 地质灾害监测点的选取

根据上述原则,建议设立专业监测点 10 处、群测群防点 70 处。按灾种分:不稳定斜坡监测点 67 处,其中 9 处为专业监测点,群测群防点 58 处;滑坡监测点 1 处,群测群防点 1 处;泥石流监测点 7 处,其中专业监测点 1 处,群测群防点 6 处;地裂缝监测点 5 处,群测群防点 5 处。

(3) 监测范围

① 滑坡、不稳定斜坡

重点对灾害体变形形迹、滑坡体上建筑物、树木、泉水等进行监测的同时,还要把灾害威胁对象和威胁范围纳入监测范围。

② 泥石流

根据泥石流的形成条件和危害、威胁特点,重点对雨量、泥位、流量进行监测,同时还要对泥石流堆积区及间接成灾范围进行监测。

(4) 专业监测方法和要求

① 滑坡、不稳定斜坡

采用设桩、设浆贴片和固定标尺进行相对位移测量,并结合人工巡视微地貌、地表植物和建筑物标志的各种微细变化。定期巡视,在汛期加强监测;在变形加剧时,根据实际情况增加监测频次。

监测频次在枯水期可 1 次/月或 2 次/月,汛期根据降水强度增加监测频次;在变形加速时,昼夜 24 h 不间断连续监测。

② 泥石流

设立监测断面,确定临界泥位、流量和雨量警戒线。

泥石流的监测工作仅在雨期进行,在暴雨时,应进行连续不间断监测;一般情况，只进行设备的检查维修。

7.4.3.2　监测数据处理

（1）监测数据包括地质灾害隐患点基本数据，动态变化数据，威胁区人口、经济损失预评估数据等。

（2）所有监测数据均应以数字化的形式储存于信息系统中，同时以纸质介质的形式备份保存。

（3）监测点数据经校核后，整理成曲线、图表等，同时编制有关月报、季报和年报，并对发展趋势进行预测。

（4）对泥石流进行监测时，首先要分析研究确定泥石流的警戒雨量、泥位、流量，绘制警戒曲线。

7.4.4　工程治理方案

7.4.4.1　治理的目标任务

（1）地质灾害治理的目的是通过对地质灾害或隐患点的治理，保护城镇和人口集中分布区、工矿企业、风景名胜区、交通和水利设施等的安全。

（2）地质灾害治理主要针对危害严重、不能或不宜采用搬迁避让的地质灾害隐患点。

（3）地质灾害防治工程勘查应视情况确定是否分阶段进行：

① 当致灾地质体规模不大、基本要素明显或地质条件简单或灾情危急、需立即抢险治理时，宜进行一次性勘查。

② 当致灾地质体规模大、基本要素不明显或地质环境复杂时，应分初步勘查和详细勘查两个阶段进行。

（4）地质灾害防治工程设计，原则上应划分为可行性方案设计、初步设计和施工图设计三个阶段。对于规模小、地质条件清楚的地质灾害隐患点和应急处理的灾害点，可简化设计阶段。

（5）对于地质灾害危险性大、危害程度高、地质条件复杂、变形破坏模式复杂的地质灾害隐患点，建议在可行性方案设计阶段开展专项科学研究，查明地质灾害形成机理，并提出有针对性的建议。

（6）涉及公路、通信、水利水电等工程的地质灾害治理，应由相关部门制订地质灾害治理方案，国土部门监管实施。

7.4.4.2　泥石流工程治理措施

泥石流的防治工程可分坡面工程和沟道工程。

（1）坡面工程

主要以修梯田为主的改坡工程，梯田应布设在基础稳固、坡度大于25°的坡耕地。地埂分为石坎和土坎，地埂边线一般依据“小弯取直、大弯就势”的原则。详细根据国标《水土保持综合治理技术规范》(GB/T 16453系列)实施。

(2) 沟道工程

对泥石流沟形成区、流通区及堆积区分别布置不同工程对泥石流进行防治。

形成区的防治原则是以防治补给物质为主，治理区内不稳定斜坡、松散堆积体，最大限度减少和控制入沟的松散物数量。常用的工程措施包括沟谷稳坡稳谷治理工程、低坝群护底护岸工程。

流通区防治原则是以排砂为主，稳定流路，控制下泄砂量和输砂粒径。常用的工程措施有拦挡工程如格栅坝、重力坝、淤地坝及护底、护岸、导流工程。

堆积区防治原则是以防淤和防泛滥为主，控制堆积扇危险区范围。常用工程措施包括导流工程、排导工程等。

以下着重介绍几种常用的治理工程。

① 谷坊坝群

谷坊是防止沟道下切、沟岸扩张及固定坡脚的主要措施，常在沟道内多坝布置，共同防御，称为谷坊坝群。在有条件的支沟可普遍使用。其分布原则是：自上而下，成群布设，节节拦蓄。

② 拦挡坝

一般适用于沟谷型泥石流沟的治理，主要布设于沟道中，以小型为宜，布设在固体物质补给区下游流通区，使沟床抬升，以稳定坡脚、拦挡泥沙、调整比降。

重力式实体坝：主要是控制泥石流强度、拉截泥沙、降低河床坡度、调整流向等作用。适用于中上游或下游大河没有排砂或停淤的地形条件，必须控制上游产砂的河道、沟内崩塌、滑坡体等。

格栅坝：具有部分拦挡与排导兼有的作用。其特点之一是拦排兼容，充分利用下游河道的固有输砂能力；特点之二是在坝前有选择地拦蓄，能改变上游堆积组构和坝体受力条件，从而使泥石流由灾害型向安全型转化；特点之三是延长泥库寿命，充分发挥工程经济效益；另外，可以实现工厂化生产，施工周期短，可以用于抢险应急工程。

③ 排导工程

一般用于城镇、村庄附近，以改变泥石流的流向，将泥石流导流到无危险区。排导工程设计重点是最佳断面的选择，沟底宜用尖底或弧形，表面做耐磨处理，末端标高宜在主河平均水位以上，与主河流向呈锐角相交，并需满足3～5

次淤积高度。

④ 渡槽及涵洞

主要用于公路两侧山坡型泥石流的排导，但要定期清理泥石流堆积物，给下一次泥石流堆积留有空间。

7.4.4.3　滑坡治理工程措施

根据调查统计，西峰区以黄土滑坡为主，类型包括黄土层内滑坡、黄土-泥（砂）岩接触带滑坡，对该类滑坡的治理措施可以归纳为以下四种类型。

（1）排水措施

① 地表排水：当降雨与滑坡或斜坡变形密切相关时，应立即进行地表排水，尤其是地表形成的裂缝，应封闭或回填，防止地表水入渗。一般在斜坡上陡下缓处注意地表排水，在滑坡可能发展的边界 5 m 以外，设置一条或数条截水沟，在滑坡体上利用自然沟谷布置成树枝状排水系统。

② 地下排水：地下水影响明显的滑坡，采用截水盲沟、盲洞、平洞群、垂直孔群等工程排除。

（2）力学平衡措施

① 减重工程：是将滑坡体后缘削方减重的工程措施。该法适用于滑面不深、上陡下缓、滑坡后壁及两侧有岩层外露或土体稳定的滑坡。施工方法上尽量做到先上后下、先高后低、均匀减重。

② 片石垛反压工程：是一种用垒砌石块的方法来阻止滑坡体下滑，达到稳定滑坡目的的工程措施。对于滑坡体不大、滑面位置低于坡脚不多的中小型滑坡，可采用这种措施。片石垛的基础必须埋置于可能形成的滑面以下 0.5～1.0 m 处，一般用浆砌石片或混凝土做成厚约 0.5 m 的整体基础。片石垛的顶宽一般不小于 1 m，垛的坡度通常为 1∶0.75～1∶1.25。为了保证片石垛具有良好的透水性能，在垛后需放置砂砾滤层。

③ 支挡工程：是采用挡墙、抗滑桩等被动受力方法阻挡滑坡的移动的工程措施。这种方法在滑坡的治理上应用较广泛，种类很多，有抗滑桩、抗滑挡墙等。这里主要介绍抗滑挡墙、抗滑桩。

抗滑挡墙：是一种阻挡滑坡体滑动的工程措施，适用于治理因河流冲刷或因人为切割支撑部分而产生的中小型滑坡，但不适宜治理滑床比较松软、滑面容易向下或向上发展的滑坡。为增加抗滑挡墙的稳定性，在墙后应设 1～2 m 宽的衡重台或卸荷平台，挡墙的胸坡越缓越好，一般用 1∶0.3～1∶0.5，也有 1∶0.75～1∶1 者。抗滑挡墙，一般多设置于滑坡的前缘，基础埋入完整稳定的岩层或土层一定深度。挡墙背后应设置顺墙的渗沟以排除墙后的地下水，同时在墙上还应设置泄水孔和反滤层，以防墙后积水泡软基础和破坏墙后土体。

抗滑桩：广泛用于滑移式滑坡的防治，对于滑体较厚、推力较大、滑体整体性差、滑床为基岩的滑坡，具有良好的防治效果，抗滑桩应设置在滑体的中下部，滑动面接近于水平，这也是滑动层较厚的部位。施工方法主要有打入法、钻孔法、挖孔法三种。对于浅层黏性土和黄土滑坡，可直接用重锤把木桩、钢轨桩、钢管桩、钢筋混凝土管桩等打入，简单易行；对于中厚层大型滑坡，则多采用钻孔法和挖孔法施工。

7.4.5 生物工程恢复方案

生物措施是采用植树造林、种草及合理耕种等方式，使流域形成一种多结构的地面保护层，以拦截降雨、增加入渗及汇水阻力、保护表土免受侵蚀。植被形成后，不仅能防治泥流，而且能促进当地农业、林业发展。生物措施具体实施是根据西峰区的自然条件、社会经济条件、植被状况、水土流失现状及泥石流、滑坡等地质灾害发生发展趋势而分别采取的不同造林育林措施，如封山育林、飞播造林、人工造林等，以恢复和增加森林植被覆盖率。从长远来看，恢复植被、合理垦殖的生物防治方案无疑是根治地质灾害的主要措施之一，而且时间越长效果越显著。事实证明，改变不合理的耕作方式，调整产业结构，完全可以在保证经济效益的前提下避免地质灾害的发生。西峰区近几十年来人为因素造成植被面积大幅度减少，沿沟道两旁居住的村庄成了山洪泥石流的威胁对象。而自然生态保护区或中高山林区（莱子镇南部），那里生态环境优美，山清水秀，很少有地质灾害发生，这也从另一方面说明生物工程是行之有效的防灾措施。

参考文献

[1] 安芷生,PORTER S,KUKLA G,等.最近13万年黄土高原季风变迁的磁化率证据[J].科学通报,1990,35(7):529-532.
[2] 曹文炳.孔隙承压含水系统中粘性土释水及其在资源评价中的意义[J].水文地质工程地质,1983,10(4):8-13.
[3] 陈静生.地理学、生态学、环境科学与“人类与环境相互作用”研究[J].地球科学进展,1994,9(4):1-7.
[4] 陈永宗.黄土高原现代侵蚀与治理[M].北京:科学出版社,1988.
[5] 邓启东.断层性状、盆地类型及其形成机制[J].地震科学研究,1984(4):58-64.
[6] 杜榕桓,康志成,章成书.试论我国泥石流分类[C]//《全国泥石流防治经验交流会文集》编审组.全国泥石流防治经验交流会论文集.北京:科学技术文献出版社,1981:126-132.
[7] 段永候,罗元华,柳源,等.中国地质灾害[M].北京:中国建筑工业出版社,1993.
[8] 冯连昌,郑晏武.中国湿陷性黄土[M].北京:中国铁道出版社,1982.
[9] 冯学才,王家鼎.甘肃省滑坡泥石流灾害及其减灾对策[J].灾害学,1991,6(4):43-46.
[10] 甘枝茂.黄土高原地貌与土壤侵蚀研究[M].西安:陕西人民出版社,1989.
[11] 高文学.中国自然灾害史:总论[M].北京:地震出版社,1997.
[12] 宫清华,黄光庆,郭敏,等.地质灾害预报预警的研究现状及发展趋势[J].世界地质,2006,25(3):296-302.
[13] 关文章.湿陷性黄土工程性能新篇[M].西安:西安交通大学出版社,1992.
[14] 国家地震局震害防御司.地震灾害预测和评估工作手册[M].北京:地震出版社,1993.

[15] 国家科委国家计委国家经贸委自然灾害综合研究组.中国自然灾害区划研究的进展[M].北京:海洋出版社,1998.
[16] 黄润秋."5·12"汶川大地震地质灾害的基本特征及其对灾后重建影响的建议[J].中国地质教育,2008,17(2):21-24.
[17] 雷祥义.黄土地质灾害的形成机理与防治对策[M].北京:北京大学出版社,2014.
[18] 雷祥义.黄土高原地质灾害与人类活动[M].北京:地质出版社,2001.
[19] 雷祥义.黄土显微结构类型与物理力学性质指标之间的关系[J].地质学报,1989,63(2):182-191.
[20] 雷祥义.西安附近黄土孔隙特征[J].水文地质工程地质,1984,11(4):34-37.
[21] 雷祥义.中国黄土的孔隙类型与湿陷性[J].中国科学,1987,17(12):1309-1318.
[22] 李渝生,黄润秋.中国汶川特大地震损毁城镇恢复重建选址的工程地质评价[J].工程地质学报,2008,16(6):764-773.
[23] 柳源.中国山地地质灾害风险区划研究[D].武汉:中国地质大学(武汉),1989.
[24] 麻土华.突发性地质灾害概率预报(警)系统(LAPS)原理简介[J].浙江国土资源,2004(10):50-51.
[25] 马宗晋.自然灾害与减灾 600? [M].北京:地震出版社,1990.
[26] 全国地震标准化技术委员会.中国地震动参数区划图:GB 18306—2015[S].北京:中国标准出版社,2016.
[27] 王振耀.中国自然灾害管理体系基本结构与面临的挑战[J].行政管理改革,2010(10):22-24.
[28] 文宝萍.黄土地区典型滑坡预测预报及减灾对策研究[M].北京:地质出版社,1997.
[29] 吴树仁.突发地质灾害研究某些新进展[J].地质力学学报,2006,12(2):265-273.
[30] 徐琪峰.我国地质灾害防治工作存在的问题及对策探析[J].中共郑州市委党校学报,2010(6):69-70.
[31] 张勤丽,吴海松,陈江平,等.湖北省巴东县地质灾害发育特征与防治对策[J].资源环境与工程,2008,22(6):591-595.
[32] 朱良峰,殷坤龙,张梁,等.地质灾害风险分析与 GIS 技术应用研究[J].地

理学与国土研究,2002,18(4):10-13.

[33] 朱志诚.对黄土地层古植被研究中困难问题的探讨[J].科学通报,1982,27(24):1515-1518.

[34] ARATTANO M. On the use of seismic detectors as monitoring and warning systems for debris flows[J]. Natural hazards, 1999, 20(2): 197-213.

[35] CHASE R B, CHASE K E, KEHEW A E, et al. Determining the kinematics of slope movements using low-cost monitoring and cross-section balancing[J]. Environmental and engineering geoscience, 2001, 7(2): 193-203.

[36] CHEN H, CHEN R H, LIN M L. Initiation of the tungmen debris flow, Eastern Taiwan[J]. Environmental and engineering geoscience, 1999(4): 459-473.

[37] EGASHIRA S, HONDA N, ITOH T. Experimental study on the entrainment of bed material into debris flow[J]. Physics and chemistry of the earth, Part C: solar, terrestrial and planetary science, 2001, 26(9): 645-650.

[38] IVERSON R M. The physics of debris flows[J]. Reviews of geophysics, 1997, 35(3): 245-296.

[39] LAZZARI M, SALVANESCHI P. Embedding a geographic information system in a decision support system for landslide hazard monitoring [J]. Natural hazards, 1999, 20(2): 185-195.

[40] LIRER L, VITELLI L. Volcanic risk assessment and mapping in the vesuvian area using GIS[J]. Natural hazards, 1998, 17(1): 1-15.

[41] MILES S B, KEEFER D K. Evaluation of seismic slope-performance models using a regional case study[J]. Environmental and engineering geoscience, 2000, 6(1): 25-39.

[42] QUARANTELLI E L. The delivery of disaster emergency medical services: recommendations from systematic field studies[J]. Prehospital and disaster medicine, 1985, 1(S1): 41-44.

[43] SELCUK A S, YUCEMEN M. Reliability of lifeline networks with multiple sources under seismic hazard[J]. Natural hazards, 2000, 21: 1-18.

[44] TUCKER B E, ERDIK M, HWANG C N. Issues in Urban Earthquake

Risk[M].Dordrecht:Springer Netherlands,1994.
[45] TURNER D P,KOERPER G,GUCINSKI H,et al.Monitoring global change:comparison of forest cover estimates using remote sensing and inventory approaches[J].Environmental monitoring and assessment,1993,26(2-3):295-305.